植物化学保护实验指导

罗 兰 主编

中国农业大学出版社
·北京·

内 容 简 介

　　本书系统地介绍了植物化学保护的实验技术与方法,共分为 5 个单元即农药生物活性测定、农药制剂的配制及质量检测、农药毒理与环境毒理、农药残留分析和实习与实训。共有 41 个实验。第一单元包括杀虫剂、杀菌剂和除草剂的室内生物测定及田间药效试验;第二单元包括粉剂、可湿性粉剂、乳油、水乳剂等农药的剂型配制和质量检测;第三单元包括杀虫剂、杀菌剂和除草剂的毒理与环境毒理实验;第四单元包括蔬菜、水果、牛乳、蘑菇中农药残留的检测技术;第五单元是实践环节。通过这些实验能学习农药应用技术的试验研究方法,更好地消化吸收该学科的基本理论知识,并达到能够初步独立从事植物化学保护工作和科学研究的目的。

　　本书可作为高等农业院校植物保护专业、制药专业、药学专业以及综合大学生物学专业的本科实验教材,也可供相关专业研究生、教师和科研工作者参考。

图书在版编目(CIP)数据

植物化学保护实验指导/罗兰主编. —北京:中国农业大学出版社,2015.10
ISBN 978-7-5655-1390-9

Ⅰ. ①植…　Ⅱ. ①罗…　Ⅲ. ①植物保护-农药防治-实验-高等学校-教材
Ⅳ. ①S481-33

中国版本图书馆 CIP 数据核字(2015)第 218256 号

书　名	植物化学保护实验指导		
作　者	罗 兰　主编		
策划编辑	赵　中	责任编辑	刘耀华
封面设计	郑　川	责任校对	王晓凤
出版发行	中国农业大学出版社		
社　址	北京市海淀区圆明园西路 2 号	邮政编码	100193
电　话	发行部 010-62818525,8625	读者服务部	010-62732336
	编辑部 010-62732617,2618	出 版 部	010-62733440
网　址	http://www.cau.edu.cn/caup	E-mail	cbsszs@cau.edu.cn
经　销	新华书店		
印　刷	北京时代华都印刷有限公司		
版　次	2015 年 10 月第 1 版　2015 年 10 月第 1 次印刷		
规　格	787×980　16 开本　8.75 印张　155 千字		
定　价	18.00 元		

图书如有质量问题本社发行部负责调换

编写人员

主　编　罗　兰　青岛农业大学

副主编　杨从军　青岛农业大学

参　编　(按姓氏拼音排序)

　　　　　董向丽　青岛农业大学

　　　　　郭　磊　青岛农业大学

　　　　　李平亮　青岛农业大学

　　　　　刘向阳　河南农业大学

　　　　　罗小勇　青岛农业大学

　　　　　钱　坤　西南大学

　　　　　邢小霞　青岛农业大学

前　　言

　　《植物化学保护实验指导》设有 5 个单元，即农药生物活性测定、农药制剂的配制及质量检测、农药毒理与环境毒理、农药残留分析和实习与实训，共有 41 个实验和实习。通过这些实验和实习能学习农药应用技术的试验研究方法，更好地消化吸收该学科的基本理论知识，并达到能够初步独立从事植物化学保护工作和科学研究的目的。

　　本书内容丰富、具体细致、简明扼要，本书可作为高等农业院校植物保护专业、制药专业、药学专业以及综合大学生物学专业的本科实验教材，也可供相关专业研究生、教师和科研工作者参考。建议各院校根据自己的实际情况选 20～25 个实验。

　　本书由青岛农业大学、西南大学和河南农业大学的 9 位老师共同完成。第一单元农药生物活性测定，由董向丽、杨从军、罗小勇共同撰写；第二单元农药制剂的配制及质量检测，由罗兰、李平亮共同撰写；第三单元农药毒理与环境毒理，由郭磊、杨从军、罗小勇和李平亮共同撰写；第四单元农药残留分析，由杨从军撰写；第五单元实习与实训，由罗兰撰写。刘向阳、钱坤和邢小霞在联系和修改稿件后的排版和样稿校对等方面做了大量的工作。全书最后由罗兰汇总、定稿。

　　值本书出版之际，我们向书中引用著作的中外编著者们表示真挚的感谢。

　　由于编者的学识水平有限，本书难免存在欠妥乃至错误之处，敬请读者批评指正。

编　者

2015 年 7 月

实　验　须　知

　　植物化学保护是以化学、昆虫学和植物病理学等学科为基础,并紧密联系其他学科,直接为农业生产服务的一门学科,而植物化学保护实验则是这门课程教学内容的重要环节。通过实验,加深巩固对教学内容的理解,学习和掌握植物化学保护的基本研究方法,培养良好的工作作风和严格的科学态度以及独立分析问题的能力,而且能把所学的基本原理和技能运用到实践中去。为了上好实验课,望同学们遵守下列规章制度。

　　一、实验前要认真阅读实验指导及有关教材,明确实验的目的与要求,了解熟悉实验的原理、方法及操作步骤。

　　二、进行实验时必须细心、严肃认真、节省药品、爱护仪器,如有损坏,要报告给实验指导教师,进行适当的处理。

　　三、实验时应独立思考,明确实验中的注意事项,认真操作,注意观察,做好实验记录,按时完成作业和实验报告。

　　四、农药对人体均有毒性,所以必须严防农药经口或经皮进入体内,未经允许不准任意将农药带出实验室外,实验中的废液及残渣,按要求倒入指定缸内,严禁乱倒乱放。

　　五、防止有机溶剂靠近火源,以免发生火灾;使用电源插头时,应注意所用仪器所需电源电压是否相符,切勿插错。

　　六、实验室应保持清洁,严禁在实验室内放置食物,吃东西或抽烟。

　　七、实验结束后,清理实验材料及用具,洗刷干净、清扫实验室后方可离开。

目 录

第一单元
农药生物活性测定

杀虫剂生物测定(insecticide bioassay)是以昆虫(包括螨类)为测试对象,评价各种杀虫剂对昆虫的毒力。广义地说,杀虫剂生物测定技术就是利用生物(昆虫、螨类)对杀虫剂的反应,来鉴别某一种农药或化合物的生物活性,是评价杀虫剂对昆虫、螨类的毒力或药效的一种基本方法。毒力测定要求在室内采用标准化饲养的试虫和严格控制环境条件下进行。

生物测定技术在新型化合物的活性筛选与构效关系的研究、高效农药剂型的开发、杀虫剂间的联合作用、抗药性监测与检测、农药残留检测方面具有重要意义。

一、对供试昆虫的要求

标准试虫是指被普遍采用的具有一定代表性和经济意义的昆虫群体,群体中试虫的虫态、龄期、活力、耐药性等均匀一致。有一些昆虫种群数量大,发生相对集中,如蚜虫、螨类,从田间采集可以在数量上和质量上满足上述要求。但是大多数昆虫必须进行人工饲养,通过饲养条件的控制才能获得符合要求的目标昆虫。对田间害虫进行抗性监测或检测,要求从田间采集虫子,室内稳定一代,用 F_1 代进行测定。

室内饲养的昆虫对药剂的耐受性较为一致,测得的结果可比性强。需要饲养的试虫要求室内容易饲养,繁殖力强,不互相残杀。一些鳞翅目幼虫可以用人工饲料饲养,但蚜虫、螨类一般用盆栽植物幼苗饲养。饲养条件需要控温控湿,光照充足,昼夜交替光照。

二、测试的环境条件

毒力测定一般多在室内进行。室内的温度、湿度、光照等环境条件对毒力测定结果有显著的影响,毒力测定时要求处理前、处理中、处理后的温度尽量保持一致,湿度恒定,光照强度因试虫不同而不同,光照应昼夜交替进行。另外,营养条件和虫口密度都可能影响毒力测定结果。测定时,要保证试虫营养,及时更换饲料;盛放试虫的器皿大小要适宜,试虫密度不能过大。

实验一 杀虫剂胃毒毒力测定——夹毒叶片法

胃毒作用是杀虫剂被昆虫取食后,经过口腔进入消化道,被消化道吸收进入血淋巴,最后到达作用靶标使昆虫中毒甚至死亡的作用。测定杀虫剂胃毒毒力时应避免杀虫剂接触昆虫体壁。

胃毒毒力测定方法主要有夹毒叶片法、液滴饲喂法和口腔注射法,其中以夹毒叶片法最为常用,其优点是将药剂封闭在两片叶片之间,昆虫只有取(啃)食才能接触药剂,避免了触杀等其他途径发生作用。

一、实验目的

(1)学习掌握杀虫剂胃毒毒力测定方法及统计分析方法,了解胃毒作用测定时应该注意的事项。

(2)通过实验了解一种杀虫剂是否具有胃毒作用及胃毒毒力的大小。

二、实验原理

用两张叶片,中间均匀地分布一层杀虫剂,饲喂试虫,按吞食叶片面积计算吞食药量。夹毒叶片法适于植食性、取食量大的咀嚼式口器昆虫,如鳞翅目幼虫、蝗虫、蜚蠊等。

三、试剂和仪器设备

(1)仪器用品:电子天平(感量 0.001 g)、微量注射器、直径 6 cm 培养皿、坐标纸、打孔器、砧板、镊子、新鲜淀粉糊(禁用化学糨糊和胶水)、圆滤纸片或棉花等。

(2)供试杀虫剂、试剂:高效氯氰菊酯原药、丙酮。

(3)供试昆虫及其饲料:棉铃虫 3 龄幼虫、甜菜夜蛾 3 龄幼虫或小菜蛾 4 龄幼虫任选,均为室内饲养的虫子。新鲜的试虫喜食的叶片,棉铃虫选用棉叶片,甜菜夜蛾选用甘蓝叶片或玉米叶片,小菜蛾选用甘蓝叶片。

四、实验步骤

1. 药剂的配制

根据实验需要称取一定量的高效氯氰菊酯原药,用丙酮溶解并稀释成所需要的浓度。

2. 夹毒叶片的制备

选择新鲜干净的叶片,用打孔器打取圆叶片 50～60 片,放在培养皿中保湿。用微量进样器吸取 10 μL 杀虫剂丙酮液,点滴到一片圆叶片上,迅速涂抹均匀,自然晾干。另取一片无药的圆叶片涂一层薄薄的淀粉糊,与涂药圆叶片对合,即成夹毒叶片。

3. 饲喂方法

胃毒试验前试虫应饥饿 3～5 h,最长不超过 12 h。在电子天平上逐头称重,放入培养皿中,每皿一头,编号,并标记虫重。饲喂时,一个皿中放入一片夹毒叶片。为了不使叶片干缩,在培养皿上盖内沾一片湿滤纸,用以保湿。置于(27±2)℃,相对湿度 70% 条件下保存等观察结果。

4. 结果观察

观察昆虫取食,控制食叶量的多少,一部分幼虫取食叶片的 1/3 左右,一部分幼虫取食叶片的 1/2 左右,一部分幼虫取食叶片的大部分或全部。取出剩余的夹毒叶片,更换新鲜叶片。经 24 h、48 h 检查昆虫生存和死亡状况。

将取出的夹毒叶片放在坐标纸上,用放大镜或肉眼计算食去多少小方格(每个小方格面积为 1 mm²),根据取食面积计算受药量(μg/g)。最后将结果填写在表 1-1-1 内。

五、实验数据及其处理

根据每头试虫所食药量的多少,由少至多按次序排列,并注明生存或死亡状态(按照表 1-1-2 的格式)。根据幼虫的生死反应进行分组,可分生存组、生死组和死亡组。从第一头死虫开始,到最后一头活虫结束,为生死组,其中既有生存的,也有死亡的。

中间生死组用于计算致死中量(LD_{50})。

表 1-1-1　高效氯氰菊酯对棉铃虫 3 龄幼虫的食药量反应

编号	昆虫体重/g	食量		单位体重所接受的药量/(μg/g)	取食后经不同时间的反应	
		叶面积/mm²	药量/μg		24 h	48 h

注:温度_____℃,相对湿度_____%。

$$A = \frac{\sum 生死组活虫剂量}{生死组活虫数} \qquad B = \frac{\sum 生死组死虫剂量}{生死组死虫数}$$

$$LD_{50} = \frac{A + B}{2}$$

表 1-1-2　某种杀虫剂对某种昆虫的胃毒毒力测定范例　　　　　　μg/g

剂量	反应	剂量	反应	剂量	反应	剂量	反应
0	生	0.24	生	0.35	生	0.5	生
0.11	生	0.25	死	0.36	死	0.55	死
0.12	生	0.25	死	0.37	生	0.6	生
0.13	生	0.26	生	0.37	死	0.65	死
0.15	生	0.27	生	0.38	死	0.67	死
0.17	生	0.28	生	0.38	死	0.7	死
0.18	生	0.29	死	0.39	生	0.74	死
0.19	生	0.3	生	0.4	生	0.75	死
0.19	生	0.31	死	0.41	生	0.8	死
0.2	死	0.32	死	0.42	死		
0.21	生	0.33	生	0.43	死		
0.22	死	0.33	生	0.44	生		
0.23	生	0.34	死	0.45	生		

根据表 1-1-2 结果可知：

$$A=\frac{0.21+0.23+0.24+0.26\cdots+0.6}{17}=0.357\ 6$$

$$B=\frac{0.20+0.22+0.25+0.28\cdots+0.55}{17}=0.334\ 6$$

$$\mathrm{LD}_{50}=\frac{A+B}{2}=\frac{0.357\ 6+0.334\ 6}{2}=0.346\ 1$$

六、问题讨论或作业

(1)胃毒毒力测定的意义有哪些？试验过程中应注意哪些事项？

(2)除了夹毒叶片法外,还有哪些胃毒测定方法？

(3)实验报告。

实验二　杀虫剂触杀毒力测定——点滴法

杀虫剂触杀作用是指杀虫剂通过昆虫表皮进入昆虫体内,到达作用靶标,引起昆虫中毒死亡的作用。测定杀虫剂触杀作用时,要求杀虫剂只与试虫体壁接触,避免通过口腔等其他途径进入体内而发挥作用。点滴法是杀虫剂触杀毒力测定中最准确的方法,也是目前普遍采用的一种杀虫剂毒力测定方法。适合于大多数目标昆虫的触杀毒力测定,如蚜虫、鳞翅目幼虫、椿象等。

优点:①耗用样品少(毫克级);②每头虫体点滴量一定,可以准确地计算出每头试虫或每克虫体重的用药量;③方法比较精确,试验误差小;④可以避免胃毒作用的干扰。

缺点:①处理目标昆虫的数量不能太多;②操作技术难以掌握,点滴操作技术要熟练,否则对结果准确性影响较大。

一、实验目的

(1)学习杀虫剂触杀作用及触杀毒力测定方法和毒力回归统计分析方法。
(2)通过实验确定一种杀虫剂是否具有触杀作用以及触杀毒力的大小。

二、实验原理

具有触杀作用的杀虫剂可以通过昆虫体壁进入体内到达作用靶标,将一定剂量的药液点滴到供试昆虫体壁的一定部位,处理一定时间后,昆虫出现中毒症状甚至死亡,说明所试杀虫剂具有触杀作用。处理剂量不同,中毒程度或死亡率不同,剂量小死亡率低,剂量大死亡率高,因此可以绘制剂量-反应(死亡)曲线,以此计算毒力。

但是昆虫对杀虫剂的敏感性分布是一个偏常态分布,即昆虫的反应不是随着剂量的增加而成比例地增加,剂量-反应不是直线关系,而是一条不对称的"S"形曲线(图 1-2-1,左)。如果将剂量(或浓度)换算成对数,使偏常态分布变成正态分布,则不对称的"S"变成对称的"S"形曲线(图 1-2-1,右)。如果将死亡率换算成概率值,则对称的"S"形曲线变为直线。一般生物测定时用5～6个剂量(浓度),以剂量对数为横坐标,每个剂量所对应的死亡率的概率值为纵坐标,可以绘制出一条直线LD-P线,即毒力回归直线(图1-2-2)。回归直线上,当$y=5$时(死亡率为50%),所对应的X即是LD_{50}的对数,X的反对数即是LD_{50}。这种统计方法称为概率值分析法(也称为Bliss法)。

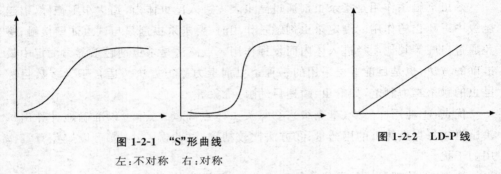

图 1-2-1 "S"形曲线　　　　　　　　　图 1-2-2 LD-P 线
左:不对称　右:对称

采用 Excel、SAS 等统计软件进行计算,得到毒力回归方程和LD_{50}值及其置信区间,进行χ^2测验。

三、试剂和仪器设备

(1)仪器用品:电子天平(感量 0.1 mg)、微量注射器(可用 0.2～2.5 μL 移液器代替)、1～5 mL 移液器、直径 9 cm 培养皿、5 mL 小烧杯、直径 9 cm 滤纸、镊子、剪刀、棉花、记号笔等。

(2)供试药剂:高效氯氰菊酯原药(丙酮作为溶剂,用以配制高效氯氰菊酯溶液。触杀作用测定时所用的溶剂应具挥发性强,对药剂溶解度高的无毒物,丙酮是最常用的溶剂),试验浓度为 10、2.5、0.625、0.156、0.039、0.009 75 μg/mL。

(3)供试昆虫:小菜蛾 4 龄幼虫、甜菜夜蛾 3 龄幼虫或棉铃虫 3 龄幼虫。均在室内条件下饲养。

四、实验步骤

1. 药剂配制

用电子天平(感量 0.1 mg)称取一定质量的高效氯氰菊酯原药,用丙酮溶解并配制成 10 μg/mL 的药液,然后依次 4 倍量稀释成 2.5、0.625、0.156、0.039 和 0.009 75 μg/mL 的丙酮液(注意,配制药液时,先配最高浓度,由高浓度向低浓度依次倍量稀释)。

2.试虫称重

试验时,选取大小、活力一致的试虫作为测试对象。用镊子将试虫转移到培养皿中,每皿 10 头,共 3 皿。分别在电子天平上称重,去掉皿重,取单头平均值,即为本次实验试虫的平均体重,单位克(g)。

3.处理方法

直径 9 cm 的培养皿皿底铺 3 层滤纸,用水湿润。然后将试虫移至皿中,每皿 10 头。

用微量注射器(或微量移液器)吸取药液点滴于试虫前胸背板上,1 μL/头(从低到高,对照用丙酮),每个浓度重复 3 次,每个重复 10 头,共 30 头虫。处理后的培养皿中加入试虫饲料(人工饲料或者新鲜植物叶片),盖好皿盖,标记清楚,然后置于(27±2)℃温度条件下饲养。24 h、48 h 后分别检查试验结果,检查时用镊子轻触虫体,虫体不动无生命迹象者即为死亡。

五、实验数据及其处理

将检查结果填入表 1-2-1 中。

用 Abbott's 公式计算死亡率和校正死亡率。

$$死亡率 = \frac{死亡数}{试虫数} \times 100\%$$

$$校正死亡率 = \frac{处理组死亡率 - 对照组死亡率}{1 - 对照组死亡率} \times 100\%$$

如果对照组死亡率<20%,实验结果可信,实验结果需进行校正;若对照死亡率<5%,不必校正。

$$单位体重受药量(μg/g) = \frac{处理浓度(μg/mL) \times 点滴量(μL)}{试虫平均体重(g) \times 100}$$

将剂量转换成对数值,校正死亡率转换为概率值,统计分析求出 LD_{50} 值。

表 1-2-1 溴氰菊酯对甜菜夜蛾的触杀毒力测定结果(试虫平均体重为 g)

浓度 /(μg /mL)	剂量 /(μg/g)	剂量 对数	试虫数 (n)	24 h			48 h		
				死虫数 (n)	死亡率 /%	概率值	死虫数 (n)	死亡率 /%	概率值

六、问题讨论或作业

(1)点滴法测定杀虫剂的触杀毒力时,应注意哪些问题?

(2)杀虫剂的触杀作用测定方法除了点滴法外,还有哪些方法? 各有什么优缺点?

(3)作业:提交实验报告,要求用 Excel 进行统计分析,计算回归方程和 LD_{50} 值,并分析实验中存在的问题,实验成败的原因。

实验三　杀虫剂熏蒸作用测定

一、实验目的

鉴别杀虫剂有无熏蒸作用,为杀虫剂的正确使用提供依据。

二、实验原理

　　有些杀虫剂的蒸气压比较高,在适当气温下,能够挥发且短时间内在密闭空气中达到一定的浓度,昆虫通过呼吸作用将气态杀虫剂吸入体内,产生中毒反应。杀虫剂的这种作用称为熏蒸作用。

　　试验必须在密闭条件下进行,且密闭容器中,试虫不能与固态或液态的杀虫剂直接接触,杀虫剂进入昆虫体内只有一个途径,即通过昆虫的呼吸器官——气管系统进入。

三、试剂和仪器设备

　　(1)仪器用品:微量注射器或 200 μL 移液器、500 mL 三角瓶、纱笼(盛虫子,可用布袋代替)、软木塞或橡皮塞、毛笔、镊子、滤纸。

　　(2)供试杀虫剂、试剂:敌敌畏原药、辛硫磷原药、丙酮。

　　(3)供试昆虫:玉米象或赤拟谷盗等储粮害虫。室内堆放颗粒状粮食或面粉,来年 4—5 月份即可获得大量试虫。

四、实验步骤

1.配药

将敌敌畏原药和辛硫磷原药分别用丙酮稀释至 1% 浓度。

2.准备试虫袋

将试虫用毛笔挑入纱笼(或布袋)中,笼口用线扎紧,留有一定长度的线头备用。

3. 实验操作

用微量注射器吸取稀释后的药液 5 μL,点滴到 2 cm×2 cm 滤纸片上,然后迅速投入三角瓶中,并立即吊入试虫袋,使袋伸达容器中部,线头吊在瓶外,盖上瓶塞。每个药剂处理重复 3 次,以丙酮为对照。25℃恒温室内经 24 h 或 48 h 检查结果。

五、实验数据及其处理

根据实验结果计算死亡率和校正死亡率,将实验结果和计算结果填入表 1-3-1 中。比较哪一种杀虫剂具有熏蒸作用。

表 1-3-1　杀虫剂熏蒸作用测定结果

杀虫剂	处理虫数(n)	24 h			48 h		
		死虫数(n)	死亡率/%	校正死亡率/%	死虫数(n)	死亡率/%	校正死亡率/%
敌敌畏							
辛硫磷							
CK							

六、问题讨论或作业

(1)熏蒸作用测定与熏蒸毒力测定有何不同?请设计熏蒸毒力测定实验。

(2)熏蒸剂的用途有哪些?你所学过的杀虫剂中哪些具有熏蒸作用?

(3)实验报告:比较辛硫磷与敌敌畏的熏蒸作用大小。

实验四 杀虫剂内吸作用测定——根部内吸法

一、实验目的

了解杀虫剂是否具有内吸作用及其内吸途径,明确内吸毒力和内吸速率的大小,为杀虫剂的正确使用提供依据。

二、实验原理

具有内吸作用的杀虫剂可以被植物的根、茎、叶等部位吸收并输导到试虫取食部位,刺吸式口器的试虫在刺吸植物的汁液时将药剂摄入消化道,杀虫剂穿透消化道进入血淋巴,最终到达作用靶标引起昆虫中毒。根部内吸法是用盆栽植物或水培植物为材料,将杀虫剂(水溶液、乳浊液、悬浮液或颗粒剂浸出液)定量加入培养液中,使根部吸收并输导到叶部,测定叶片上取食昆虫的死亡率。实验时使施药部位远离试虫的取食部位。

三、试剂和仪器设备

(1)仪器用品:电子天平(感量 0.001 g)、200 mL 烧杯、量筒、200 μL 及 1～5 mL 移液器、毛笔、镊子、花盆、土壤基质、小铁铲、剪刀、脱脂棉、标签等。

(2)供试药剂、试剂:吡虫啉原药、辛硫磷原药、吐温-80。

(3)供试植物及昆虫:盆栽黄瓜苗,4～5 片真叶。供试昆虫为瓜蚜,盆栽植物上饲养。

四、实验步骤

1.药剂的配制

将吡虫啉原药、辛硫磷原药分别用丙酮溶解,加入适量吐温-80,然后用丙酮配成 20% 乳油。再用清水稀释成 2.5、5、10、20、40 μg/mL 5 个系列浓度。

2. 接种蚜虫

选取长势良好的盆栽黄瓜幼苗,用毛笔将瓜蚜成蚜接种到叶片上,每盆 20 头。接种时,用毛笔轻触瓜蚜背部,待其开始爬行时再挑取,以免强行挑取使口针折断。

3. 根区施药

每盆黄瓜施药 50 mL,每个浓度重复 3 次,即每个浓度共处理 3 盆黄瓜苗。以清水作为对照。

4. 实验操作

将盆栽黄瓜苗置于(27±2)℃,相对湿度 70% 左右,日光照 14 h 的养虫室内培养,24 h、48 h 后分别检查瓜苗上存活无翅成蚜数,计算虫口减退率及校正虫口减退率概率值。

五、实验数据及其处理

将实验结果填入表 1-4-1 中。

表 1-4-1　杀虫剂内吸毒力测定结果

杀虫剂	药剂浓度 /(μg/mL)	浓度对数值	处理前虫口数 (n)	处理后虫口数 (n)	减退率 /%	概率值
辛硫磷	2.5					
	5					
	10					
	20					
	40					
	对照					
吡虫啉	2.5					
	5					
	10					
	20					
	40					
	对照					

以浓度对数值为横坐标,(校正)虫口减退率概率值为纵坐标,计算毒力回归方程,根据回归方程计算 LC_{50} 值。

六、问题讨论或作业

(1)内吸毒力测定的意义有哪些?试验过程中应注意哪些事项?

(2)除了内吸法外,还有哪些内吸作用(毒力)的测定方法?

(3)实验报告:比较辛硫磷和吡虫啉哪一个有内吸作用?其内吸毒力是多大?结论是什么?

实验五　杀虫剂的田间药效试验

一、实验目的

田间药效试验是在室内毒力测定的基础上，在田间自然条件下检验某种杀虫剂防治害虫的实际效果，是评价其是否具有推广应用价值的主要环节。一类是以药剂为主体的田间试验，一般程序为：田间药效筛选、田间药效评价（剂量、施药时期、施药方法等对药效、药害的影响）、特定因子（环境因子、剂型、配比、持效期等）、多点试验、大面积示范推广。另一类是以某种防治对象为主体的田间试验，则是寻找最合适的防治药剂、最佳剂量、最佳施药时期及最佳施药方法。通过实验，使学生初步掌握田间试验设计方法、调查方法及数据分析统计方法。

二、实验原理

（一）田间药效试验的基本要求

1. 试验地的选择及其管理

试验地点应选择在防治对象经常发生的地方，最好是在大片作物田中，这样才能比较符合害虫的自然分布。试验田块要求地势平坦，土质一致，农作物长势均衡，其他非目标害虫发生较轻。试验地必须有专人管理，保证农作物生长健壮、均匀一致，从而使病虫害的发生与危害基本一致，尽量减少人为误差。

2. 试验小区设计

试验设计方法有对比法设计、随机区组设计、拉丁方设计、裂区设计。随机区组设计是最常用的设计方法，其特点是每个重复（即区组）中只有一个对照区，对照区和处理一起进行随机排列，各重复中处理数目相同。

小区采取随机排列，即各处理所在具体小区的位置完全由机会决定而非人为选择。试验要求设置对照区、隔离区和保护行。对照区分不施药空白对照区和标准药剂对照区。标准药剂即是用一种当时当地常用的农药，应用剂量是推荐剂量。

空白对照一般为不含药的清水对照。试验必须设置重复。

小区面积大小应根据土地条件、作物各类、栽培方式、供试农药数量、试验目的而定。一般小区面积为 15～50 m²，果树除苗木外，成年果树一般以株数为单位，每小区 2～10 株。小区形状以长方形为好，长宽比可（2～8）∶1。

3. 影响药效的因素

农药制剂、防治对象、环境条件（田间温度、湿度、光照、风力、土壤质地及有机质的含量）均可影响药效。

（二）田间药效试验的调查内容和方法

调查方法可采用对角线五点取样法或平行线取样法。调查作物数就根据虫口密度及为害程度适当调整，即虫口密度大或为害严重的可适当少些，相反，应多些。田间调查常用的统计单位有面积、长度、容积、植株数量或植株的一部分、重量和时间等。调查要分几次，一般要调查施药前虫口基数、药后 1、3、5、7、10、14 d 各调查一次虫口，如果虫口继续降低，则延长调查时间，直到虫口开始增加为止。

杀虫剂的药效一般采用校正死亡率（防效）与作物被害程度来表示。

$$虫口减退率 = \frac{施药前虫口基数 - 施药后虫口数}{施药前虫口基数} \times 100\%$$

$$防治效果（校正虫口死亡率） = \frac{PT - CK}{100 - CK} \times 100\%$$

式中：PT 为药剂处理区虫口减退率；CK 为空白对照区虫口减退（或增长）率。

三、试验材料

（1）材料：量杯、天平、工农-16 型喷雾器、1 L 烧杯、玻璃棒、木棍、清水、毛巾、脸盆、肥皂等。

（2）供试药剂及剂量：40％辛硫磷乳油（70 g/667 m²）、5％高效氯氰菊酯微乳剂［15 g（a.i.）/km²］（a.i.：有效成分）。

（3）供试作物田：选择菜青虫发生量较重的甘蓝田。试验田地势平坦，管理水平较高，各小区耕作与管理相对一致。

（4）防治对象：甘蓝菜青虫。

四、试验步骤

1.试验设计

按试验要求划分小区，每小区面积为 10 m²，随机排列，试验设 3 个处理，每个处理重复 4 次，共 12 个小区，小区面积 10 m²，小区随机排列。各处理分别是：

处理 1：每 667 m² 施 40％辛硫磷乳油 70 g。

处理 2：每 667 m² 施 5％高效氯氰菊酯 20 g。

处理 3：清水空白对照。

2．药液配制

按各处理设计和每 667 m² 喷液 50 kg 折算成小区用药量。

3．药剂喷洒

用工农-16 型喷雾器常规喷雾。用药前充分清洗喷雾器，然后先喷空白对照，再喷药剂。喷雾器要清洗干净，才能更换药剂喷洒。

4．气象条件记载

记载试验过程中天气变化，记录温度、湿度、降雨、光照（阴、晴天）、风力等。

5．调查与计算方法

每小区按双对角线法定 5 点，每点固定 10 株，共计 50 株，分别于施药前和施药后 1、3 和 7 d 调查记录菜青虫幼虫活虫数，并计算出每次虫口减退率和校正虫口减退率（防效）。

6．注意事项

在配药、施药、药后调查虫口数量的过程中，要做好防护，结束后要及时洗手、洗脸及身体其他暴露在外可能接触到药剂的部分。

五、实验数据及其处理

将试验结果及计算结果填入表 1-5-1 中，分析比较两种杀虫剂的防治效果，观察两种杀虫剂对所保护的对象——甘蓝的安全性，在试验剂量下有无药害发生。

表 1-5-1　杀虫剂对甘蓝菜青虫防效调查统计表

处理	基数/头	药后 1 d			药后 3 d			药后 7 d		
		活虫/头	减退率/%	防效/%	活虫/头	减退率/%	防效/%	活虫/头	减退率/%	防效/%
处理 1										
处理 2										
处理 3										

六、问题讨论或作业

（1）杀虫剂田间药效试验的意义。

（2）春季苹果园中绣线菊蚜发生严重,现有吡虫啉、乐果、高效氯氰菊酯三种制剂,请你设计田间药效试验,比较三种杀虫剂的防效,最终推荐一种杀虫剂用于绣线菊蚜的防治。

（3）试验报告。

实验六 杀菌剂的生物测定——生长速率法

一、实验目的

学习并掌握杀菌剂的生物测定方法之一——生长速率法。

二、实验原理

生长速率法又叫含毒介质法,是杀菌剂毒力测定中最常用的方法之一,其原理是用带毒培养基培育病菌,以病菌的生长速度的快慢来判定药剂的毒力大小。尤其适用于在人工固体培养基上能沿水平方向有一定生长速度且周缘生长较整齐的病原真菌。病菌的生长速度可用两种方法表示:菌落达到一个给定的大小所需时间;一定时间内菌落直径的大小。常以第2种方法表示生长速度。

三、实验仪器与设备

电子天平(感量 0.1 mg)、生物培养箱、培养皿、移液管或移液器、接种器、卡尺、高压灭菌锅、超净工作台、酒精灯、纱布、打孔器等。

四、实验材料

(1)供试农药:原药或制剂,并注明通用名、商品名或代号、含量、生产厂家。

(2)对照药剂:根据需要采用已登记注册且生产上常用的原药或制剂。

(3)供试病菌:实验用病原真菌在适宜的培养基上培养备用。那些不产孢子或孢子量少而菌丝较密的真菌特别适合作供试菌,如番茄灰霉病菌(*Botrytis cinerea*)、水稻纹枯病菌(*Rhizoctonia solani*)、小麦赤霉病菌(*Fusarium graminearum*)、辣椒疫霉病菌(*Phytophthora capsici*)、辣椒炭疽病菌(*Colletotrichum capsici*)和番茄早疫病菌(*Alternaria solani*)等。记录菌种来源。

(4)其他实验材料:PDA 培养基。

五、实验步骤

1. 药剂配制

水溶性原药直接用无菌水溶解稀释;其他原药选用合适的溶剂(如丙酮、二甲基亚砜、乙醇等)溶解,用 0.1% 的吐温-80 无菌水溶液稀释;制剂则直接用无菌水稀释。根据预备试验,设置 5~7 个系列质量浓度,稀释原药的有机溶剂最终含量不超过 2%。

2. 含毒培养基制备

在无菌操作条件下,根据实验处理将预先熔化并冷却至 45~50℃ 的灭菌培养基定量加入无菌锥形瓶中,从低浓度到高浓度依次定量吸取药液,分别加入上述锥形瓶中,充分摇匀。然后等量倒入 3 个以上直径为 9 cm 的培养皿中,制成相应浓度的含药平板。

实验设不含药剂的处理作空白对照,每处理不少于 3 个重复。

3. 接菌

将培养好的病原菌,在无菌条件下用直径为 4 mm 的灭菌打孔器,自菌落边缘切取菌饼,用接种针将菌饼接种于含药平板中央,使菌丝夹在菌饼与培养基平板之间。盖上皿盖,将培养皿倒置放入适宜温度的培养箱中培养。

4. 实验结果检查

根据空白对照培养皿中菌的生长情况检查病原菌菌丝生长情况。用卡尺测量菌落直径,单位为毫米(mm)。每个菌落用十字交叉法垂直测量直径各 1 次,取其平均值。

六、实验数据处理与统计分析

根据测得的结果计算菌丝生长抑制率:

$$菌落纯生长量 = 菌落平均直径 - 菌饼直径$$

$$抑菌率 = \frac{对照组菌落纯生长量 - 处理组菌落纯生长量}{对照组菌落纯生长量} \times 100\%$$

采用浓度对数-概率值法计算各药剂的 EC_{50}、EC_{90}、标准误及其 95% 置信限,评价供试药剂对靶标菌生长的抑制活性。

七、问题讨论或作业

(1)生长速率法适用哪些菌种的毒力测定？

(2)用生长速率法测定杀菌剂的毒力有何优点？

(3)实验过程中应该注意哪些问题？

实验七　杀菌剂的生物测定——抑菌圈法

一、实验目的

学习并掌握杀菌剂的生物测定方法之一——抑菌圈法。

二、实验原理

抑菌圈法最先用于研究抗生素对细菌的作用,对研究杀细菌剂具有特殊意义。后来也常用于测定其他杀菌剂对只长孢子不长菌丝或长极少菌丝的病原菌的毒力。主要是通过抑菌圈的大小来判断化合物的毒力。本实验采用滤纸片法测定杀菌剂对真菌病原的作用。

在已接菌的琼脂培养基上放置带药滤纸片,经过适当培养后,由于抗菌物质或杀菌剂的渗透扩散作用,滤纸片周围由于病菌被杀死或生长被抑制而产生抑菌圈。一般情况下,在一定范围内抑菌圈的直径或面积大小与浓度对数呈直线关系。

三、实验仪器与设备

电子天平(感量 0.1 mg)、高压灭菌锅、超净工作台、生物培养箱、培养皿、小烧杯、移液管或移液器、镊子、卡尺、酒精灯等。

四、实验材料

(1)供试农药:原药或制剂,并注明通用名、商品名或代号、含量、生产厂家。

(2)对照药剂:根据需要采用已登记注册且生产上常用的原药或制剂。

(3)供试病菌:实验用病原真菌在适宜的培养基上培养至产生大量孢子备用。如葡萄白腐病菌(*Coniotyrium diplodiella*)。

(4)其他实验材料:PDA 培养基。

五、实验步骤

1. 药液配制

供试水溶性药剂直接用无菌水溶解稀释;其他原药选用合适的溶剂(如丙酮、二甲基亚砜、乙醇等)溶解,再用 0.1% 的吐温-80 无菌水溶液稀释;制剂则直接用无菌水稀释。根据预备试验,设置 5～7 个系列浓度,稀释原药的有机溶剂最终含量不超过 2%。

2. 孢子悬浮液制备

于每支菌种管中注入适量无菌水,用接种环把斜面上孢子刮下,制成孢子悬浮液。

3. 含病菌孢子 PDA 平板制备

将孢子悬浮液加入熔化冷却至 45℃ 左右的 PDA 培养基中混匀,倒入直径为 9 cm 的培养皿中,每皿约 15 mL 培养基,冷却备用。

4. 实验操作

用灭菌小烧杯,分别盛不同浓度的药液,用灭菌镊子取消毒的直径为 4 mm 的圆滤纸片,投入药液中,注意纸片应完整无缺,不可重叠在一起。然后把蘸药的纸片晾干,按不同浓度放入凝固的含病菌孢子的培养基中央,每皿 4 片,每个处理重复 3 次。浸无菌水的纸片作对照。

培养皿上做好标记,置于恒温箱中适当温度条件下培养,于处理后一定时间按十字交叉法测量抑菌圈的直径大小,取平均值,将结果填入表 1-7-1 中。

表 1-7-1　杀菌剂抑菌圈法测定结果

药剂	浓度	浓度对数	抑制圈直径/cm					抑制圈直径平方
			重复1	重复2	重复3	重复4	平均	

六、实验数据处理与统计分析

以抑制圈直径的平方为纵坐标,以浓度对数为横坐标,绘出毒力曲线,根据毒力曲线的中等浓度来比较不同药剂的相对毒力。

七、问题讨论或作业

(1)用抑菌圈法测定杀菌剂毒力时要注意什么?

(2)抑菌法适用哪些菌种的毒力测定?

(3)利用抑菌圈大小评价药剂毒力时还应考虑什么?

实验八 杀菌剂的生物测定——孢子萌发法

一、实验目的

学习并掌握杀菌剂的生物测定方法之一 —— 孢子萌发法。

二、实验原理

将孢子培育在含有一定药剂的介质中,根据杀菌剂对病原真菌孢子萌发抑制作用来测定药剂的生物活性。

三、实验仪器与设备

离心机、电子天平(感量 0.1 mg)、显微镜、培养箱、培养皿、计数器、载玻片、凹玻片、移液管或移液器等。

四、实验材料

(1)供试农药:原药或制剂,并注明通用名、商品名或代号、含量、生产厂家。
(2)对照药剂:根据需要采用已登记注册且生产上常用的原药或制剂。
(3)供试病菌:将供试病原真菌在适宜的培养基上培养,或将病组织保湿培养,待产生孢子后备用。

五、实验步骤

1. 药剂配制

水溶性药剂直接用无菌水溶解稀释;其他药剂选用合适的溶剂(如丙酮、二甲基亚砜、乙醇等)溶解,用 0.1% 的吐温-80 无菌水溶液稀释;制剂则直接用无菌水稀释。根据预备试验,设置 5～7 个系列浓度,稀释原药有机溶剂最终含量不超过 2%。

2.孢子悬浮液配制

将培养好的病原真菌孢子用去离子水从培养基或病组织上洗脱、过滤,离心 (1 000 r/min) 5 min,倒去上清液,加入去离子水,再离心。最后用去离子水将孢子重悬浮至每毫升 $1\times10^5\sim1\times10^7$ 个孢子,并加入 0.5%葡萄糖溶液。

3.药剂处理

用移液管或移液器从低浓度到高浓度,依次吸取药液 0.5 mL 分别加入小试管中,然后吸取制备好的孢子悬浮液 0.5 mL,使药液与孢子悬浮液等量混合均匀。用微量加样器吸取上述混合液滴到凹玻片上,然后架放于带有浅层水的培养皿中,加盖保湿培养于适宜温度的培养箱中。每处理不少于 3 次重复,并设不含药剂的处理作空白对照。

4.实验结果检查

当空白对照孢子萌发率达到 90%以上时,检查各处理孢子萌发情况。每处理各重复随机观察 3 个以上视野,调查孢子总数不少于 200 个,分别记录萌发数和孢子总数。孢子芽管长度大于孢子的短半径视为萌发。同时还应观察记录芽管生长异常情况、附着胞形成数等。

六、实验数据处理与统计分析

根据调查数据,计算各处理的孢子萌发相对抑制率,采用浓度对数-概率值法计算各药剂的 EC_{50}、EC_{90}、标准误及其 95%置信限,评价供试药剂对靶标菌孢子萌发的抑制活性。

$$孢子萌发率=\frac{萌发孢子数}{检查孢子数}\times100\%$$

$$孢子萌发相对抑制率=\frac{对照组萌发率-处理组萌发率}{对照组萌发率}\times100\%$$

七、问题讨论或作业

(1)为什么要观察孢子的异常现象? 有何意义?

(2)孢子萌发法适用哪些菌种的毒力测定?

实验九　杀菌剂混合毒力生物效应的初步判断——滤纸条交叉法

一、实验目的

学习滤纸条交叉放药法初步判定杀菌剂混用的生物效应。

二、实验原理

以滤纸条为药剂载体,根据药剂在 PDA 培养基中渗透所形成的药剂混合区域病菌孢子萌发情况,初步判断两种杀菌剂混用的可能生物效应。滤纸条交叉放药法对病菌孢子萌发的影响见图 1-9-1。

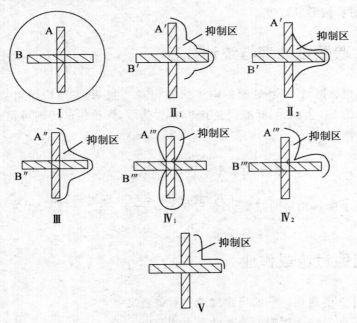

图 1-9-1　滤纸条交叉放药法对病菌孢子萌发的影响

三、实验仪器与设备

电子天平(感量 0.1 mg)、高压灭菌锅、超净工作台、生物培养箱、培养皿、小烧杯、移液管或移液器、镊子、卡尺、酒精灯等。

四、实验材料

(1)供试农药:原药或制剂,并注明通用名、商品名或代号、含量、生产厂家。

(2)供试病菌:实验用病原真菌在适宜的培养基上培养至产生大量孢子备用。如葡萄白腐病菌(*Coniothyrium diplodiella*)。

(3)PDA 培养基。

五、实验步骤

1.孢子悬浮液制备

于每支菌种管中注入适量无菌水,用接种环把斜面上孢子刮下,制成孢子悬浮液。

2.含病菌孢子 PDA 平板制备

将孢子悬浮液加入溶化冷却至 45℃ 左右的 PDA 培养基中混匀,倒入直径为 9 cm 的培养皿中,每皿约 15 mL 培养基,冷却备用。

3.药液配制

供试水溶性药剂直接用无菌水溶解稀释;其他原药选可用合适的溶剂(如丙酮、二甲基亚砜、乙醇等)直接溶解稀释,制剂则直接用无菌水稀释。根据不同药剂设定稀释倍数。

4.实验操作

用灭菌小烧杯,分别盛不同药剂的稀释液,用灭菌镊子取消毒的长为 6 cm、宽为 0.5 cm 的滤纸条,投入药液中,注意纸片应完整无缺,不可重叠在一起,浸蘸同种药液的滤纸条要保证浸渍时间要一致。然后把蘸药的滤纸条沥尽晾干,按设定的不同药剂组合两两垂直交叉放入已凝固的含病菌孢子的培养基中央(图 1-9-2),每个处理重复 3 次。

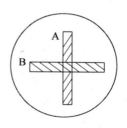

图 1-9-2　带药滤纸条放置

培养皿上做好标记,置于恒温箱中适当温度条件下培养,于处理后一定时间观察菌落抑制区域的生长形状。

六、实验数据处理与统计分析

根据滤纸条交叉区域孢子萌发生长情况,对不同药剂混用的生物效应做出初步判断。

七、问题讨论或作业

(1)如何根据带药滤纸条交叉区域孢子萌发生长情况来判断两种杀菌剂对供试菌的联合生物效应?

(2)在药剂配制时,可否直接使用有机溶剂溶解稀释?为什么?

实验十　杀菌剂防治草莓白粉病——田间药效试验

一、实验目的

探索防治草莓白粉病($Sphaerotheca\ macularis$)药剂的田间使用剂量或浓度，初步估测试验药剂对试验作物及非靶标有益生物的影响，为农药登记的药效评价和安全、合理使用技术提供依据。

三、试验条件

1. 试验对象和作物品种的选择

试验对象为白粉病。

试验作物为草莓，选用感病品种，记录品种名称。

2. 环境条件

田间试验应选择在草莓大面积种植区并且历年白粉病发生严重的地块。所有试验小区的栽培条件（如土壤类型、施肥、品种、种植密度等）应一致。

如果在温室进行熏蒸剂、烟雾剂的试验，每个处理应使用单个温室或隔离室。

三、试验设计和安排

1. 药剂

（1）试验药剂：注明药剂商品名或代号、通用名、中文名、剂型、含量和生产厂家。试验药剂处理应不少于 3 个剂量或依据协议（试验委托方与试验承担方签订的试验协议）规定的用药剂量。

（2）对照药剂：对照药剂应是已登记注册的并在实践中证明是有较好药效的产品。对照药剂的类型和作用方式应同试验药剂相近并使用当地常用剂量，特殊情况可视试验目的而定。

2.小区安排

(1)小区排列:试验药剂、对照药剂和空白对照的小区处理采用随机排列。特殊情况应加以说明。

(2)小区的面积和重复:小区面积为 $15\sim50\ \mathrm{m^2}$,棚室不少于 $8\ \mathrm{m^2}$。重复次数不少于 4 次。

3.施药方式

(1)使用方式　按协议要求及标签说明进行,施药应与当地科学的农业实践相适应。

(2)使用器械的类型　选用生产中常用器械,记录所用器械的类型和操作条件(如工作压力、喷孔口径)的全部资料。施药应保证药量准确,分布均匀,用药量偏差超过 $\pm10\%$ 的要记录。

(3)施药的时间和次数　按协议要求及标签说明进行。通常是在发病初期或草莓植株叶背上发生暗色污斑及高温、高湿交替出现时进行第一次施药,再次施药可依据病害发展情况及药剂的持效期而定。

(4)使用剂量和容量　按协议要求及标签注明的剂量使用,通常有效成分含量表示为 $\mathrm{g/hm^2}$,用于喷雾时同时记录用药倍数和每公顷的药液用量($\mathrm{L/hm^2}$)。

四、调查、记录和测量方法

1.气象和土壤资料

(1)气象资料:试验期间应从试验地或最近的气象站获得降雨(降雨类型和日降雨量,以 mm 表示)和温度(日平均温度、最高和最低温度,以℃表示)的资料。整个试验期间影响试验结果的恶劣气候因素,如严重或长期干旱、暴雨、冰雹等均应记录。

(2)土壤资料:记录土壤类型、土壤肥力、水分(干、湿或涝)、土壤覆盖物(如作物残茬、塑料薄膜覆盖、杂草)等资料。

2.调查方法、时间和次数

(1)调查方法　每小区对角线五点取样,每点调查 3 株。每株调查全部叶片。分级方法如下。

0 级:无病斑。

1 级:病斑面积占整个叶面积的 5% 以下。

3 级:病斑面积占整个叶面积的 6%～15%。

5 级:病斑面积占整个叶面积的 16%～25%。

7 级:病斑面积占整个叶面积的 26%～50%。

9 级:病斑面积占整个叶面积的 51% 以上。

(2)调查时间和次数:按协议要求进行。通常施药前调查病情基数,下次药前和最后一次施药后 7～10 d 调查防治效果。

(3)药效计算方法:

$$病情指数 = \frac{\sum 发病级别 \times 相应级别病叶数}{调查总叶数 \times 9} \times 100\%$$

$$防治效果 = \left[1 - \frac{对照区施药前病情指数 \times 处理区施药后病情指数}{对照区施药后病情指数 \times 处理区施药前病情指数} \right] \times 100\%$$

$$相对防治效果 = \frac{对照区病情指数 - 处理区病情指数}{对照区病情指数} \times 100\%$$

3. 对作物的其他影响

观察作物是否有药害产生,如有药害要记录药害的发生症状和程度。此外,还应记录对作物的有益影响(如促进成熟、刺激生长等)。

用下列方法记录药害。

(1)如果药害能被测量或计算,要用绝对数值表示。

(2)其他情况下,可按下列两种方法估计药害的程度和频率。

①按照药害分级方法记录每小区的药害情况,以一,+,++,+++,++++ 表示。

药害分级方法如下。

一:无药害。

+:轻度药害,不影响作物正常生长。

++:明显药害,可复原,不会造成作物减产。

+++:高度药害,影响作物正常生长,对作物产量和品质都造成一定损失,一般要求补偿部分经济损失。

++++:药害严重,作物生长受阻,产量和质量损失严重,必须补偿经济损失。

②每一试验小区与空白对照相比,评价其药害的百分率。

同时,应准确描述作物药害症状(矮化、褪绿、畸形),并提供实物照片、录像等。

4.对其他生物的影响

(1)对其他病虫害的影响:对其他病虫害任何有迹象的影响都应记录。

(2)对其他非靶标生物的影响:记录药剂对试验区内野生生物、有益昆虫的影响。

5.产品的产量和质量

要记录每个小区的产量,用 kg/hm^2 表示。

五、实验数据及其处理

试验所获得的结果应用生物统计方法进行分析(采用 DMRT 法),并对试验结果加以分析,原始资料应保存以备考察验证。

实验十一　除草剂的生物测定——平皿法

一、实验目的

平皿法(即滤纸法)是除草剂生物测定中常用的方法之一,通过本实验掌握滤纸法测定除草剂活性的原理和步骤,比较不同除草剂对种子发芽和幼苗生长的影响差异。

二、实验原理

将经过催芽已经露白的受体植物种子放在培养皿中的滤纸上,添加含有除草剂的溶液后培养,通过观察种子发芽情况及幼苗胚根(种子根)和胚轴(胚芽鞘)的生长情况来判断药剂的活性大小及作用特性。本方法适用于大多数除草剂的活性测定,既可以测定不同药剂的 EC_{50},也可以进行不同药剂的对比试验。

三、试剂和仪器设备

(1)供试药剂:一般为待测药剂(拟测定活性的药剂)和对照药剂(为生产上常用的药剂)。本实验用 41% 草甘膦异丙胺盐水剂、50% 乙草胺乳油、20% 百草枯水剂等。

(2)试剂:丙酮、二甲基甲酰胺、二甲基亚砜等。

(3)仪器设备:光照培养箱或可控日光温室、电子天平、烧杯、培养皿、移液管或移液器、滤纸、玻璃棒、直尺或游标卡尺。

(4)试验靶标:选择易于培养繁育和保存的代表性指示植物,供试的指示植物种子的发芽率在 90% 以上。如高粱(*Sorghum vulgar*)、小麦(*Triticum aestivum*)、水稻(*Oryza sativa*)、稗(*Echinochloa crus-galli*)、油菜(*Brassica napus*)、黄瓜(*Cucumis sativus*)、生菜(*Lactuca sativa*)、反枝苋(*Amaranthus retroflexus*)及其他待测靶标等。

四、实验步骤

1.试材准备

将均匀一致的受体植物种子在适宜温度条件下用水浸泡后置于培养箱中催芽至露白备用。

2.药剂配制

如果用原药进行测试,水溶性原药直接用蒸馏水溶解、稀释。非水溶性药剂选用合适的溶剂(丙酮、二甲基甲酰胺或二甲基亚砜等)溶解,用0.1%的吐温-20水溶液稀释。有机溶剂的最终含量不超过1%。根据药剂活性,设5~7个系列质量浓度。以仅含有相同浓度溶剂及0.1%的吐温-20的蒸馏水为空白对照。

若用可兑水稀释的制剂进行测试,直接用水稀释至所需的浓度,以不含药剂的蒸馏水为空白对照。其中41%草甘膦异丙胺盐水剂为制剂:0.04、0.2、1、5 mL/L;50%乙草胺乳油为制剂:0.1、0.5、1.0、1.5 mL/L;20%百草枯水剂为制剂:0.02、0.1、0.5、2.5 mL/L。均以不含药剂的处理作空白对照。

3.药剂处理

在铺有2张滤纸的培养皿(直径9 cm)内均匀摆放20粒发芽一致的受体植物种子,种子的胚根与胚芽的方向要保持一致;向培养皿内加入9 mL系列浓度的药液,保证种子浸在药液中。将处理后的培养皿标记后置于人工气候培养箱或植物培养箱内,在温度为(25 ± 1)℃、湿度为80%~90%的黑暗条件下培养。每处理重复4次。

4.结果检查

培养5 d后用直尺或游标卡尺测量各处理的根长和茎长,并记录试材中毒症状。

五、实验数据及其处理

根据调查数据,按以下公式计算各处理的根长或茎长的生长抑制率,单位为百分率(%),计算结果保留小数点后两位。

$$生长抑制率 = \frac{对照组根长(或茎长) - 处理组根长(或茎长)}{对照组根长(或茎长)} \times 100\%$$

用 DPS(数据处理系统)、SAS(统计分析系统)或 SPSS(社会科学统计程序)标准统计软件进行药剂浓度的对数与根长抑制率的概率值之间的回归分析,计算 EC_{50} 或 EC_{90} 值及 95% 置信限。

六、问题讨论或作业

(1)本实验为什么选择经过催芽露白的种子进行实验?

(2)本实验能否代替盆栽试验?

(3)3 种供试药剂对受体植物的作用特性有什么不同? 为什么?

实验十二 除草剂的生物测定——琼脂法

一、实验目的

琼脂法是除草剂生物测定中常用的方法之一,通过本实验掌握琼脂法测定除草剂活性的原理和步骤,比较不同除草剂对受体植物幼苗生长的影响差异。

二、实验原理

将经过催芽且幼根长 3~4 mm 的受体植物幼苗根部插入含有除草剂的琼脂凝胶中,来观察药剂对幼苗胚根(种子根)和胚轴(胚芽鞘)生长的影响,判断药剂的活性大小及作用特性。本方法适用于大多数除草剂的活性测定,既可以测定不同药剂的 EC_{50},也可以进行不同药剂的对比试验。

三、试剂和仪器设备

(1)供试药剂:一般为待测药剂(拟测定活性的药剂)和对照药剂(为生产上常用的药剂)。本实验用 41%草甘膦异丙铵盐水剂、50%乙草胺乳油、20%百草枯水剂等。

(2)试剂:琼脂粉、丙酮、二甲基甲酰胺、二甲基亚砜等。

(3)仪器设备:光照培养箱或可控日光温室、电子天平、烧杯(刻度 25 mL)、移液管或移液器、水浴锅或微波炉、三角瓶、尖嘴镊子、直尺或游标卡尺。

(4)试验靶标:选择易于培养繁育和保存的代表性指示植物,供试的指示植物种子的发芽率在 90%以上。如高粱(*Sorghum vulgar*)、小麦(*Triticum aestivum*)、水稻(*Oryza sativa*)、稗(*Echinochloa crus-galli*)、油菜(*Brassica napus*)、黄瓜(*Cucumis sativus*)、生菜(*Lactuca sativa*)、反枝苋(*Amaranthus retroflexus*)及其他待测靶标等。

四、实验步骤

1. 试材准备

将均匀一致的受体植物种子在适宜温度条件下用水浸泡 3～5 h(根据室内温度调整时间),而后用蒸馏水洗涤数次,均匀摆放至带盖方盘内的吸水纸上,滴加蒸馏水至种子不漂浮,遮光置于培养箱中催芽至幼根长 3～4 mm,备用。培养箱的温度为(25±1)℃。

2. 药剂配制

称取 0.5 g 琼脂粉分别置于 250 mL 三角瓶内,加入 99.0 mL 蒸馏水(可根据加入药剂母液的量进行调整),放入微波炉内加热至完全溶解后静置,待冷却至 60℃左右时分别加入 0.5 mL 已配制的供试药剂母液,摇匀后分别均匀倒入 3 个刻度为 25 mL 的烧杯内,冷凝,配制成含有不同浓度供试药剂的 0.5％琼脂凝胶。以未加供试药剂的 0.5％琼脂凝胶为对照处理。

注:如果用原药进行测试时,水溶性原药用少量蒸馏水溶解配成母液,非水溶性药剂选用合适的溶剂(丙酮、二甲基甲酰胺或二甲基亚砜等)溶解配成母液,而后再添加至琼脂溶液中配成含毒介质。有机溶剂的最终含量不超过 1％。根据药剂活性,设 5～7 个系列质量浓度。以仅含有相同浓度溶剂的 0.5％琼脂凝胶为空白对照。

若用可兑水稀释的制剂进行测试时,先用少量水分散配成母液,再加入琼脂溶液中稀释至所需的浓度,以不含药剂的 0.5％琼脂凝胶为空白对照。其中 41％草甘膦异丙铵盐水剂为制剂:0.04、0.2、1、5 mL/L;50％乙草胺乳油为制剂:0.1、0.5、1.0、1.5 mL/L;20％百草枯水剂为制剂:0.02、0.1、0.5、2.5 mL/L。均以不含药剂的处理作空白对照。

3. 植物移植

移植时先用尖嘴镊子在已凝固的琼脂表面插 5 个小孔,而后分别夹取胚根(种子根)长度基本一致的已发芽受体植物种子,将胚根(种子根)垂直由小口轻轻植入琼脂凝胶中。每杯 5 粒,重复 3 次。而后将所有杯子用锡纸封口并置于已消毒的小纸箱内,放入培养箱内遮光培养 3～4 d。培养箱的温度为(25±1)℃。

4. 结果检查

待处理结束后,用直尺或游标卡尺分别测量受体植物幼苗胚根(种子根)和胚轴(胚芽鞘)的长度。

五、实验数据及其处理

按下式计算胚根(种子根)和胚轴(胚芽鞘)的实际生长量,应用 Excel 软件,以生长量为基数,分别计算不同植物材料处理后对指示植物胚根(种子根)和胚轴(胚芽鞘)生长的抑制率以及对样本的标准误差。同时应用 SPSS 软件计算出有效中浓度(EC_{50})并以 LSD 法对获得的抑制率进行差异显著性分析。

$$生长量＝处理后的胚根(胚轴)长－处理前的胚根(胚轴)长$$

$$抑制率＝\frac{对照组生长量－处理组生长量}{对照组生长量}×100\%$$

$$标准误差＝标准偏差/\sqrt{n} \quad （n＝重复次数）$$

六、问题讨论或作业

(1)琼脂法与平皿法相比各有哪些优缺点?

(2)本实验操作中应该注意哪些事项?

(3)比较 3 种供试药剂对受体植物的作用特性,并进行分析。

实验十三　除草剂的生物测定——茎叶喷雾法

一、实验目的

茎叶喷雾法是除草剂生物测定中常用的方法之一,通过本实验掌握茎叶喷雾法测定除草剂活性的原理和步骤,比较不同除草剂对受体植物幼苗生长的影响差异。

二、实验原理

除草剂中有许多种类是通过杂草的茎叶吸收达到除草目的的。本方法通过将除草溶液喷洒于植物茎叶来观察药剂对受体植物的影响,判断该药剂是否具有茎叶处理活性,为除草剂的正确使用提供依据。适用于许多除草剂的活性测定,既可以测定不同药剂的 EC_{50} ,也可以进行不同药剂的对比试验。

三、试剂和仪器设备

(1)供试药剂:一般为待测药剂(拟测定活性的药剂)和对照药剂(为生产上常用的药剂)。本实验用 41% 草甘膦异丙铵盐水剂、50% 乙草胺乳油、20% 百草枯水剂等。

(2)试剂:丙酮、二甲基甲酰胺、二甲基亚砜等。

(3)仪器设备:光照培养箱或可控日光温室、电子天平、盆钵、烧杯、移液管或移液器、定量喷雾设备。

(4)试验靶标:选择易于培养、生育期一致的代表性敏感杂草,其发芽率在 90% 以上。如禾本科杂草:马唐(*Digitaria sanguinalis*)、狗尾草(*Setaria viridis*)、稗(*Echinochloa crus-galli*)、牛筋草(*Eleusine indica*)等;阔叶杂草:反枝苋(*Amaranthus retroflexus*)、苘麻(*Abutilon theophrasti*)、马齿苋(*Portulaca oleracea*)、藜(*Chenopodium album*)、夏至草(*Lagopsis supina*)、皱叶酸模(*Rumex crispus*)及其他待测靶标等。

（5）土壤：采用有机质含量≤3％、pH 中性、通透性良好、过筛的风干土壤。

四、实验步骤

1. 试材准备

试验土壤定量装至盆钵的 4/5 处。采用盆钵底部渗灌方式，使土壤完全湿润。将预处理的供试杂草种子均匀播撒于土壤表面，根据种子大小覆土 0.5～2.0 cm，播种后移入温室常规培养。杂草出苗后进行间苗定株，保证杂草的密度一致（总密度在 120～150 株/m²）。根据药剂除草特点，选择适宜叶龄试材进行喷雾处理。

2. 药剂配制及喷洒

标定喷雾设备参数，校正喷液量。按实验设计从低剂量到高剂量顺序进行茎叶喷雾处理。每处理不少于 4 次重复，并设不含药剂的处理作空白对照。

注：如果用原药进行测试时，水溶性原药直接用 0.1％吐温水溶解、稀释，非水溶性药剂选用合适的溶剂（丙酮、二甲基甲酰胺或二甲基亚砜等）溶解配成母液，再用 0.1％的吐温-20 水溶液稀释。根据药剂活性，设 5～7 个系列剂量浓度。

若用可兑水稀释的制剂进行测试时，直接用水分散、稀释至所需的浓度。其中 41％草甘膦异丙铵盐水剂为制剂：0.04、0.2、1、5 mL/L；50％乙草胺乳油为制剂：0.1、0.5、1.0、1.5 mL/L；20％百草枯水剂为制剂：0.02、0.1、0.5、2.5 mL/L。均以不含药剂的处理作空白对照。

药剂的喷液量按照 600 kg/hm² 计算。

3. 结果检查

处理后定期观察记载供试杂草的生长状态。处理后 7～14 d，调查记录杂草生长情况、存活杂草数、杂草鲜重等，同时描述受害症状。如：颜色变化（黄化、白化等）、形态变化（新叶畸形、扭曲等）、生长变化（脱水、枯萎、矮化、簇生等）。

五、实验数据及其处理

根据下面公式计算各处理的鲜重防效或株防效，单位为百分率（％），计算保留小数点后两位。

$$E = \frac{m_1 - m_2}{m_1} \times 100\%$$

式中:E 为鲜重防效(或株防效),m_1 为对照杂草地上部分鲜重(或杂草株数),m_2 为处理杂草地上部分鲜重(或杂草株数)。

用 DPS(数据处理系统)、SAS(统计分析系统)或 SPSS(社会科学统计程序)标准统计软件进行药剂剂量的对数值与防效的概率值进行回归分析,计算 EC_{50} 或 EC_{90} 值及 95% 置信限。

六、问题讨论或作业

(1)采用茎叶喷雾法时应注意哪些事项?

(2)什么样的除草剂适宜做茎叶处理剂?

(3)比较三种供试药剂对受体植物的作用特性,并进行分析。

实验十四　除草剂的生物测定——土壤喷雾法

一、实验目的

土壤喷雾法是除草剂生物测定中常用的方法之一,通过本实验掌握土壤喷雾法测定除草剂活性的原理和步骤,比较不同除草剂对受体植物出苗及幼苗生长的影响差异。

二、实验原理

除草剂中有许多种类是通过土壤处理后被杂草的幼根或幼茎吸收达到除草目的的。本方法通过将除草溶液喷洒于土壤后来观察药剂对受体植物的影响,判断该药剂是否具有土壤处理活性,为除草剂的正确使用提供依据。适用于许多除草剂的活性测定,既可以测定不同药剂的 EC_{50},也可以进行不同药剂的对比试验。

三、试剂和仪器设备

(1)供试药剂:一般为待测药剂(拟测定活性的药剂)和对照药剂(生产上常用的药剂)。本实验用 33% 二甲戊乐灵乳油、50% 乙草胺乳油、40% 莠去津悬浮剂等。

(2)仪器设备:光照培养箱或可控日光温室、电子天平、盆钵、烧杯、移液管或移液器、定量喷雾设备。

(3)试验靶标:选择易于培养、生育期一致的代表性敏感杂草,其发芽率在 80% 以上。如禾本科杂草:马唐(*Digitaria sanguinalis*)、狗尾草(*Setaria viridis*)、稗(*Echinochloa crus-galli*)等;阔叶杂草:反枝苋(*Amaranthus retroflexus*)、苘麻(*Abutilon theophrasti*)、马齿苋(*Portulaca oleracea*)、藜(*Chenopodium album*)、夏至草(*Lagopsis supina*)、皱叶酸模(*Rumex crispus*)及其他待测靶标等。

(4)土壤:采用有机质含量≤2%、pH 中性、通透性良好、过筛的风干土壤。

四、实验步骤

1. 试材准备

试验土壤定量装至盆钵的 4/5 处。采用盆钵底部渗灌方式,使土壤完全湿润。将预处理的供试杂草种子均匀播撒于土壤表面,根据种子大小覆土 0.5~2.0 cm,播种 24 h 后进行土壤喷雾处理。

2. 药剂配制及喷洒

标定喷雾设备参数,校正喷液量。按实验设计从低剂量到高剂量顺序进行土壤喷雾处理。每处理不少于 4 次重复,并设不含药剂的处理作空白对照。

注意:如果用原药进行测试时,水溶性原药直接用水溶解、稀释,非水溶性药剂选用合适的溶剂(丙酮、二甲基甲酰胺或二甲基亚砜等)溶解配成母液,再用水稀释。根据药剂活性,设 5~7 个系列剂量浓度。

若用可兑水稀释的制剂进行测试时,直接用水分散、稀释至所需的浓度。其中 33% 二甲戊乐灵乳油:375、750、1 500、3 000、6 000 mL/hm²;50% 乙草胺乳油:21.25、42.5、85、170、340 mL/hm²;40% 莠去津悬浮剂:625、1 250、2 500、5 000、10 000 mL/L。均以不含药剂的处理作空白对照。

药剂的喷液量按照 600 kg/hm² 计算。

3. 结果检查

处理后定期目测观察记载杂草出苗情况及出苗后的生长状态。处理后 14 d,调查记录杂草株数及鲜重,同时描述受害症状。

五、实验数据及其处理

根据下面公式计算各处理的鲜重防效或株防效,单位为百分率(%),计算保留小数点后两位。

$$E = \frac{m_1 - m_2}{m_1} \times 100\%$$

式中:E 为鲜重防效(或株防效),m_1 为对照杂草地上部分鲜重(或杂草株数),m_2 为处理杂草地上部分鲜重(或杂草株数)。

用 DPS(数据处理系统)、SAS(统计分析系统)或 SPSS(社会科学统计程序)标准统计软件进行药剂剂量的对数值与防效的概率值进行回归分析，计算 EC_{50} 或 EC_{90} 值及 95% 置信限。

六、问题讨论或作业

(1)采用土壤处理法时应注意哪些事项？

(2)什么样的除草剂适宜做土壤处理剂？

(3)土壤处理剂对杂草及作物的选择性机制是什么？

(4)比较三种供试药剂对受体植物的作用特性，并进行分析。

实验十五　除草剂的田间药效试验

一、试验目的

除草剂的田间小区试验是验证除草剂在自然条件下除草效果的常用方法,通过本试验掌握除草剂田间药效试验的方法、步骤及注意事项。

二、试验原理

将药剂直接喷洒在事先划定的小区内,观察对各种杂草的防除效果。本试验以非耕地杂草为防除对象进行试验。

三、试验条件

试验非耕地中须具有代表性的各种杂草群,其分布及其他各种条件须均匀一致。记录各种杂草的中文名、拉丁学名及是否有过除草剂使用史。

四、试剂和仪器设备

(1)试验药剂:41％草甘膦异丙铵盐水剂、20％百草枯水剂。以喷清水为空白对照处理。

(2)试验设备:背负式喷雾器(带扇形喷头)、量筒或量杯(100 mL、500 mL)、移液器、皮尺、插牌等。

五、试验方法

1. 小区安排

试验不同处理小区采用随机区组排列。防除多年生杂草的试验小区,为解决杂草分布不均匀的问题，可采用不规则排列，但须加以说明。小区面积：20～40 m²。重复 4 次。喷雾量为 600 kg/hm²。所设置的药剂处理为：

41%草甘膦异丙铵盐水剂的用药量为 0.75、1.5、2.25 kg(a. i.)/hm²；

20%百草枯水剂的用药量为 0.2、0.4、0.8 kg(a. i.)/hm²

2. 施药方法

用带扇形喷头的背负式喷雾器，于杂草生长期用扇形喷头进行喷雾，保证使药剂均匀分布到整个小区。

3. 调查、记录和测量

(1)气象及土壤资料：试验期间的降雨、温度、风力、阴晴、光照和相对湿度等；试验地土壤的类型、有机质含量等。

(2)杂草：处理前调查杂草基数，采用倒 W 形 9 点取样法进行调查，每点 1 m²。记录杂草的种群量，如杂草种类、杂草株数、覆盖度等。处理后采用绝对值法或估计值法调查试验结果。

绝对值调查法：调查每种杂草总数或重量，对整个小区进行调查或在每个小区随机选择 4 个点，每点 0.25 m² 进行抽样调查。在某些情况下调查杂草的器官(如禾本科杂草的分蘖数)等。

估计值调查法：每个药剂处理区同临近的空白对照区进行比较，估计相对杂草种群量。包括杂草种群总体和单种杂草。可用杂草数量、覆盖度、高度和长势等指标。其结果用简单的百分比表示(0 为无草，100% 为与空白对照区杂草同等)。记载空白对照区杂草株数覆盖度的绝对值。为克服准确估计百分比的困难，可采用下列分级标准进行调查。

1 级：无草。

2 级：相当于空白对照区的 0～2.5%。

3 级：相当于空白对照区的 2.6%～5%。

4 级：相当于空白对照区的 5.1%～10%。

5 级：相当于空白对照区的 10.1%～15%。

6 级：相当于空白对照区的 15.1%～25%。

7 级：相当于空白对照区的 25.1%～35%。

8 级：相当于空白对照区的 35.1%～67.5%。

9 级：相当于空白对照区的 67.6%～100%。

(3)调查时间和次数

第一次调查：处理后 2～4 周。

第二次调查:处理后 5～6 周。

4. 药效计算方法

药效按下式计算:

$$E = \frac{CK - PT}{CK} \times 100\%$$

式中:E 为防治效果,PT 为药剂处理区活草数(或鲜重),CK 为空白对照区活草数(或鲜重)。

用邓氏新复极差(DMRT)法对试验数据进行分析,标出各处理间的差异显著性。

六、问题讨论或作业

(1)除草剂田间药效试验应注意哪些事项?

(2)田间药效试验为什么要记录降雨、温度、风力、土壤环境等内容?

(3)草甘膦和百草枯的作用有哪些不同?

第二单元

农药制剂的配制
及质量检测

实验一　农药质量检测

一、实验目的

学习和掌握粉剂、可湿性粉剂和乳油等常用农药剂型的质量鉴定标准及其主要检测方法。

二、实验原理

农业生产中,农药原药要根据其理化性质和使用技术的要求加工成制剂后才能使用,农药制剂的质量与施药的效果有密切关系,因而农药的质量检测较为重要。

粉剂是由原药、填料和少量其他助剂经混合粉碎再混合至一定细度的粉状制剂,制剂的粒径对于其流动性、分散性、黏着性、吐粉性等特性至关重要,因而可通过测定粉粒的细度(过 200 目筛)来鉴定粉剂的质量。

可湿性粉剂是含有原药、载体和填料、表面活性剂、辅助剂等,并经粉碎成一定粒径的粉状制剂,其对制剂的润湿性和悬浮率要求严格,因而可通过测定在水溶液中的湿润时间和悬浮率来鉴定可湿性粉剂的质量。

乳油是将原药按照一定比例溶解在有机溶剂中,再加入一定量的农药专用乳化剂和其他助剂,配制而成的一种均相透明的油状液体,其分散性、乳化性等性能直接影响到原药有效成分的发挥和防治效果。在实际生产中,可通过测定在水溶液中的分散性、乳化性和稳定性来鉴定乳油的质量。

三、试剂和仪器设备

粗天平、分析天平、药勺、200 目标准筛、滤纸、漏斗、恒温箱、量筒、烧杯及供试农药制剂若干。

四、实验步骤

1. 粉剂的质量检测

粉剂质量标准要求为外观为自由流动的粉末;有效成分不低于标明的含量;水分含量一般要小于 1.5%;细度一般要求≥95%或者 98%(通过 75 μm 标准筛);pH 5~9;热储稳定性一般要求(54±2)℃贮存 14 d,有效成分分解率≤10%。对于粉剂一般来说,质量越好,粉粒越细,细度筛析方法是测定粉粒细度的主要方法。

称取样品 5 g,放入 200 mL 的烧杯中,加入自来水使其完全湿润(必要时可加入一点洗衣粉),然后将剩余的药物倾倒在 200 目样筛上,用水冲洗筛上的药粉,筛上的残余物用漏斗过滤(滤纸预先称重),滤纸在(68±2)℃下烘干至恒定重量,计算样品细度(X):

$$X = \frac{m_1 - m_2}{m_1} \times 100\%$$

式中:X 为细度百分含量,%;m_1 为粉剂样品重量,g;m_2 为筛上残渣重量,g。

2. 可湿性粉剂的质量检测

可湿性粉剂的质量标准要求:外观为自由流动的粉末;有效成分不低于标明的含量;水分含量一般≤3.0%;酸碱性一般为中性,范围一般为 pH 5~9;润湿性以润湿时间计算,老品种为 5~15 min,新品种 1~2 min;悬浮率,老品种 40%左右,新品种 70%左右;热储稳定性一般要求(54±2)℃贮存 14 d,有效成分分解率≤10%。各项质量标准中,以其润湿性和分散性最为重要。

取 1 g 制剂样品 3 份,同时分别放入 3 支装有 10 mL 水的量筒(50 mL),观察其沉降快慢与分散情况,记录润湿时间、现象,分析其原因。

3. 乳油的质量检测

乳油的质量标准主要为:外观为单相透明液体;有效成分应不低于规定的含量;自发乳化性、乳化稳定性、酸碱度、水分含量、热贮稳定性、冷贮稳定性、闪点等符合规定的标准。

①分散性观察:在 100 mL 量筒中,加入 100 mL 硬水,用滴管吸取供试乳油,滴 1~2 滴加于量筒中,观察其分散性,分级标准如下。

一级:良,能自动分散蓝色光的乳白色雾状,反转无可见粒子,量筒壁上有一层蓝色乳膜。

二级：中，呈透明雾状。

三级：差，呈油珠下沉。

②乳化性观察：在 100 mL 量筒中，加入 100 mL 硬水，用滴管吸取供试乳油，滴加至量筒中，盖上盖子，量筒反复倾倒，观察乳化状态，分级标准如下。

一级：良，乳液呈蓝色光的浓乳白色，迅速倒置量筒，乳液壁上形成蓝色的乳膜。

二级：乳液呈一般白色或者稍带蓝色光的不太浓的乳白色。

三级：呈苍白色乳液，有悬浮颗粒。

③稳定性观察：乳液室温下放置 1 h，分级标准如下。

一级：良，形成蓝色雾状，乳油透明。

二级：中，少许沉淀或者浮油。

三级：差，有沉淀或者浮油。

五、实验数据及其处理

记载相关的实验数据，并进行计算、比较和分析；查阅相关剂型检测国家标准，判定农药是否合格。

六、问题讨论或作业

一种好的农药制剂应当具备怎样的标准？请从所获得的结果结合农药剂型加工的理论知识加以分析和判断。

实验二　农药辅助剂的作用和液体表面张力的测定

一、实验目的

了解表面活性剂作为农药助剂的作用和学习液体表面张力的测定方法。

二、实验原理

大部分农药（辅）助剂为表面活性剂，表面活性剂是一种具有表面活性的物质，具有亲水和亲油两种基团，在低浓度时也能在液体或者气体上形成定向吸附，从而形成油水分散系，产生一系列润湿、乳化、分散或增溶等作用。在农药加工、固体农药制剂对水和农药稀释液喷洒到靶标生物的过程中，表面活性剂的润湿作用是极为重要和普遍的化学现象。表面活性剂不仅可以通过降低液体的表面张力来提高液体在物体表面的湿润展着性，并可以使一种液体以细小的颗粒分散在另一种互不相溶的液体中。

对液体表面张力的测定方法很多，最简单的方法是滴重法，即流出液体的表面张力越大，液滴的体积也越大，而一定量的液体流出的滴数就越少，亦即两种液体的表面张力之比，等于分别从同一根玻璃管中流出滴数的反比。如果已知一种液体（如蒸馏水）的表面张力，就可以根据此原理求出另一种液体的表面张力。

$$由 \frac{\delta_1}{\delta_2} = \frac{N_2}{N_1} \quad 可以得出 \ \delta_2 = \frac{N_1 \times \delta_1}{N_2}$$

式中：δ_1、δ_2 分别为两种液体的表面张力，达因/cm；N_1、N_2 为两种液体的滴数。

三、试剂和仪器设备

移液管、吸球、干净载玻片、试管、试管架、玻璃棒、显微镜、脱脂棉、滤纸、烧杯、量筒、蓝墨水、滴管、吸管、苹果或甘蓝叶片、蒸馏水、0.2％肥皂液、0.2％洗衣粉、农药乳油、柴油、柴油乳化剂等。

四、实验步骤

1. 润湿剂的作用

取 50 mL 烧杯 2 个,分别装入 10 mL 水和 1％洗衣粉溶液,将相同大小的脱脂棉球分别放入水和洗衣粉溶液中,记录将其全部湿润淹没所需要的时间,并进行比较。

分别取 2 种溶液少许滴入干净载玻片、涂蜡载玻片及植物叶片上观察液滴的展布情况,并比较两者有何不同。

2. 乳化剂的作用

取试管 2 个,分别倒入 10 mL 水,再分别加入 2 mL 柴油。一个试管保持不变,另外一个试管加入柴油乳化剂。然后 2 个试管均用塞子塞住,震荡 1～2 min 后,放置于试管架上。观察两个试管是否有油水分层现象,是否有分散现象,并分析乳化剂的作用。

3. 表面张力的测定

取清洗后的移液管分别取 1.0 mL 蒸馏水、0.2％洗衣粉液、0.2％肥皂液、200 mg/L 乐果乳油 2 000 倍液,以食指按住管口,轻轻放松,使水从管口慢慢地滴出,记录各自的滴数。以蒸馏水为参照物,计算 0.2％洗衣粉液、0.2％肥皂液、40％乐果乳油 2 000 倍液的表面张力以及表面张力的降低。表面张力降低的公式如下:

$$X = \frac{\delta_w - \delta_s}{\delta_w} \times 100\%$$

式中:X 为表面张力降低,％;δ_w 为蒸馏水的表面张力,达因/cm;δ_s 为测定溶液的表面张力,达因/cm。

五、实验数据及其处理

观察和记录相关的实验现象和实验数据,表面张力的计算 δ 可以根据公式 $\delta_1 N_1 = \delta_2 N_2$ 进行,以蒸馏水作为标准液体,其在不同温度条件下的表面张力如表 2-2-1 所示。

表 2-2-1　不同温度下蒸馏水的表面张力(δ)　　　达因/cm

温度/℃	δ	温度/℃	δ	温度/℃	δ
0	75.64	17	73.19	26	71.82
5	74.29	18	73.05	27	71.66
10	74.22	19	72.90	28	71.50
11	74.07	20	72.25	29	71.35
12	73.95	21	72.59	30	71.18
13	73.78	22	72.44	35	70.38
14	73.64	23	72.28	40	69.54
15	73.49	24	71.13		
16	73.34	25	71.97		

将计算结果以及相关数据记录于表 2-2-2,并进行分析。

表 2-2-2　表面张力测定结果记录表

液体名称	1 mL 液体的滴数		δ/(达因/cm)	X/%

六、问题讨论

(1)洗衣粉和肥皂液为什么会降低水的表面张力？简要论述其作用机理。

(2)思考一下表面张力的降低在农业生产中的应用和实际意义。

实验三　烟剂和颗粒剂的制备

一、实验目的

学习和掌握硫黄烟剂和辛硫磷颗粒剂的制备方法。

二、实验原理

农药烟(雾)剂是一种高温下易挥发的固体药剂,形成烟或者雾,增强药物有效成分的附着、渗透、溶解能力和均匀度,从而增加了药剂的生物活性,广泛应用于防治仓库、果林、蔬菜大棚的农田害虫和卫生害虫。烟剂是一种引燃后其有效成分以烟状分散体系悬浮于空气中的农药剂型,一般由农药原药、燃料、助燃剂、发烟剂、导燃剂、降温剂、阻燃剂、稳定剂、防潮剂、黏合剂和加重剂等所组成。烟剂配方的选择中,助燃剂和燃料配伍、燃烧温度的计算和调整以及燃烧速度的调控,对于烟剂的加工至关重要。烟剂的加工工艺主要有干法、湿法和热熔法等,在本实验中采用干法制备。

颗粒剂具有药效好、持效期长和安全性高等特点,是国内外较为普遍的农药剂型之一。颗粒剂(粒剂)是由农药原药、载体和助剂等加工而成的粒状剂型,载体多种多样,而本实验所用的是细沙。颗粒剂的加工主要采用吸附法、捏合法和包衣法等,在本实验中采用吸附法(又称浸渍法):将经粉碎、选粒的载体置于密封的滚筒内,抽气,对滚动的载体进行喷药,使颗粒吸附药剂从而得到颗粒剂的方法。

三、试剂和仪器设备

研钵、药物天平、玻璃棒、药勺、烧杯、报纸、胶水、河沙、火柴、硫黄粉、NH_4NO_3 细粉、KNO_3 溶液浸透的烘干纸条(作捻子用)、丙酮、40％辛硫磷乳油。

四、实验步骤

1. 烟剂的制备

学习查询烟剂配制理论和成分配比资料,确定各个原料的配比,其中硫黄烟剂配方比例可参考表 2-3-1,并根据制备条件和使用要求做出适当调整。

表 2-3-1　硫黄烟剂配方组成成分示例

组成成分	建议药剂名称	建议含量范围/%
原药	升华硫	5～15
燃料	木粉或木炭	7～50
氧化剂	硝酸钾	20～45
阻燃剂	碳酸氢钠或者沙土	10～15
发烟剂	六氯乙烷-氧化锌混合物	0～10

确定配方后,将各种原料(硫黄、木粉或者木炭、KNO_3 溶液浸透的烘干纸条、锯末、木炭细粉、碳酸氢钠等)分别用研钵轻轻研碎,按比例混合,搅拌均匀,再用药勺装入用报纸做成的纸筒内。把 KNO_3 溶液浸透的烘干纸条仔细卷成烟剂捻子,将其插入纸筒内,一端和药剂粉末接触,一端在纸筒外部用于点燃。

2. 颗粒剂的制备

取 20～40 目的烘干载体颗粒(河沙)49.0 g 放置于烧杯内后,将辛硫磷乳油 1.0 g 用丙酮稀释后加入烧杯,充分混匀,晾干使丙酮充分挥发即可。

五、实验数据及其处理

观察烟剂的发烟性能,讨论原料不同配比对发烟性能的影响;观察和记录颗粒剂的质地和颜色。

六、问题讨论

(1)观察制作后的烟剂燃烧情况,影响烟剂质量的因素有哪些?
(2)用沙子作载体制成的颗粒剂有哪些优缺点?

实验四　石硫合剂的配制及质量检测

一、实验目的

学习并掌握熬制优质石硫合剂的方法,了解其原料质量,煮制火力对石硫合剂母液浓度的影响,煮制时火力的控制、反应终点的确定以及母液浓度的量度和稀释方法。

二、实验原理

石硫合剂是褐色或琥珀色的透明液体,具有强烈臭鸡蛋气味,主要成分为多硫化钙($CaS \cdot Sx$),呈碱性,遇酸分解。在空气中易被氧化,特别在高温及日光照射下,更易引起变化,而生成游离的硫黄及硫酸钙。故贮存时要严加密封。石硫合剂是由石灰与硫黄混合熬制而成的,其中多硫化钙在杀菌、杀虫过程中起主要作用。石硫合剂喷洒在植物表面上接触空气,经水、氧和二氧化碳的作用可发生一系列变化,形成极微小的元素硫颗粒沉积。

石硫合剂稀释后才能施用,下面是重量稀释公式和容量稀释公式。

重量稀释公式:

$$原液重量 = \frac{稀释液的波美度}{原液波美度 - 稀释液波美度} \times 稀释液重量(kg)$$

容量稀释公式:

$$原液容量 = \frac{稀释液波美度(145 - 原液波美度)}{原液波美度(145 - 稀释液波美度)} \times 稀释液容量(L)$$

稀释时也可查阅石硫合剂重量(容量)倍数稀释表(附表三和附表四)进行。

三、试剂和仪器设备

800 mL 烧杯或小铁锅、玻璃棒、200 mL 量筒、药物天平、波美比重计、硫黄粉、生石灰、纱布、滤纸、电炉、漏斗、玻璃铅笔、石棉网、pH 试纸。

四、实验步骤

1. 原料配比

各配方的原料配比见表 2-4-1。

表 2-4-1　各配方的原料配比

原料	配方 1	配方 2	配方 3
生石灰	1	1	1
硫黄	2	2	2
水	10	13~15	10

2. 熬制方法

熬制石硫合剂必须用瓦锅或生铁锅,不能用铜锅或铝锅,否则易腐蚀损坏。按配方 1 称取原料,选块状、质轻而洁白的生石灰放在锅中,滴数滴水使块状生石灰消解成粉状,再加入少量水搅拌成糊状,最后把全部水加入配成石灰乳液,记下水位线,慢慢把硫黄粉倒入调匀,强火加热,不断搅拌,煮沸后开始计算时间,整个反应时间为 40~50 min。熬制过程必须保持沸腾,损失的水分应加热水补充。并应在反应终止前 15 min 补足完毕。液体由淡黄色变为黄褐色,最后变为深红色时,停止加热,过滤后即为石硫合剂母液。

配方 2 的熬制方法与配方 1 相同,只是原料比例不同。配方 3 与配方 1 的原料比例相同,但熬制方法不同。配方 3 先用部分水消解生石灰,另一部分水加热后溶解硫黄,然后将石灰乳液慢慢倒入硫黄液中,记下水位线,强火加热,使液体沸腾,液体由淡黄色变为黄褐色,最后变为深红色时,停止加热,过滤后即为石硫合剂母液。

3. 质量检测

优良的石硫合剂是透明的深红色或琥珀色,呈碱性,波美度愈大质量愈好。将过滤、冷却的石硫合剂倒入量筒中,放入波美比重计,测定浓度;测 pH,了解石硫合剂的酸碱性。

五、实验数据及其处理

测定 3 种配方熬制的石硫合剂的浓度,列表比较哪种配方优良,哪种熬制方法好。

六、问题讨论或作业

(1)不同配方熬制方法之间有哪些区别?为什么?

(2)假如生产上使用 0.4 波美度的石硫合剂 50 kg,要用所熬制的母液多少?加水多少?

实验五　波尔多液的配制及质量检测

一、实验目的

学习并掌握波尔多液的配制方法，了解原料质量和不同配制方法与波尔多液质量的关系，从而深入了解波尔多液的性质及其防病特点。

二、实验原理

波尔多液是由硫酸铜溶液和石灰乳液配制而成的一种天蓝色胶状悬液，主要成分为碱式硫酸铜$[CuSO_4 \cdot xCu(OH)_2 \cdot yCa(OH)_2 \cdot zH_2O]$，呈碱性，刚配好时悬浮性很好，但放置过久的胶粒会相互聚合沉淀，性质也会发生变化，所以波尔多液必须随配随用，不能贮存。波尔多液具有很强的黏着力，不易被雨水冲刷，是一种良好的保护性杀菌剂。

三、试剂和仪器设备

500 mL 烧杯、250 mL 烧杯、100 mL 烧杯、100 mL 量筒、玻璃棒、温度计、药物天平、电炉、硫酸铜、生石灰、记号笔、pH 试纸。

四、实验步骤

1. 石灰乳的配制

把称好的生石灰放入烧杯中，加水消解并配成 10％石灰乳 100 mL。

2. 硫酸铜液的配制

用少量水溶解硫酸铜，而后加水配成 10％硫酸铜液 100 mL。

3. 波尔多液的配制

从已配好的 10％硫酸铜溶液和石灰乳液中，分别量取 10 mL，加水稀释到下表所指定的容积和浓度，按表 2-5-1 中进行波尔多液的配制。

表 2-5-1　波尔多液的配制方法

号数	CuSO₄ 溶液		石灰乳溶液		总容积 /mL	配制方法和质量鉴定	颜色	沉淀分层	好坏顺序
	浓度 /%	容积 /mL	浓度 /%	容积 /mL					
1	1.25	80	5	20	100	冷却,硫酸铜液注入石灰乳中			
2	2	50	2	50	100	冷却,硫酸铜液注入石灰乳中			
3	5	20	1.25	80	100	冷却,硫酸铜液注入石灰乳中			
4	2	50	2	50	100	冷液,石灰乳注入硫酸铜液			
5	2	50	5	50	100	冷液,石灰和硫酸铜同时注入第 3 号皿中			
6	2	50	5	50	100	冷液,各加热至 60℃ 同时注入第 3 号皿中			

配制完成后,15 min,0.5 h,1 h 观察沉降速度(体积用量筒刻度表示)。

4. 波尔多液的质量检测

波尔多液是一种天蓝色的胶悬液,呈碱性,悬浮性愈好,性质愈稳定、沉淀的刻度就愈少。同时测 pH 了解波尔多液的酸碱性。

五、实验数据及其处理

仔细观察 6 种不同方法配制的波尔多液颜色与沉淀的差别,判断哪种方法配制的波尔多液质量好。完成不同方法配制波尔多液表格。

六、问题讨论或作业

(1)通过实验,你认为哪种方法配制波尔多液最合适？为什么？

(2)你认为衡量优质波尔多液的指标是什么？

(3)为什么说波尔多液是良好的保护性杀菌剂？

实验六 5％硫黄粉剂的制备及质量检测

一、实验目的

学习和掌握硫黄粉剂制备方法及质量检测标准。

二、实验原理

硫黄粉剂是由硫黄、填料和其他助剂等经混合粉碎再混合至一定细度的粉状制剂,具有制备简易、使用方便、较为环保等特点。

粉剂的加工设备主要有雷蒙机、万能粉碎机、超微粉碎机和气流粉碎机,在实验中常用的主要是雷蒙机。制备方法主要分为直接粉碎法、浸渍法和母粉法,在本实验中采用较为简单的直接粉碎法,即将原药、填料和助剂按照一定比例一起粉碎混合,然后过筛。

硫黄粉剂的质量检测可通过测定粉粒的细度(过 200 目筛)来鉴定粉剂的质量,粉剂细度一般要求≥95％或 98％。本实验采取干法过筛,测定硫黄粉剂的细度比例。

三、试剂和仪器设备

硫黄粉、滑石粉、雷蒙机、标准筛、烘箱、烧杯。

四、实验步骤

1. 粉剂制备

称取 2.5 g 硫黄粉与 47.5 g 滑石粉,在容器 1 中混合均匀,然后加入雷蒙机进行粉碎。粉碎后倒入容器 2,将粉碎物再次混合。

2. 细度百分含量测定

称 20 g 样品均匀散布于 200 目筛子上,装上筛底和筛盖,振荡 10 min。振荡停止后,打开筛盖,用毛笔轻轻刷开形成的团粒,盖上筛盖再筛 20 min。如此重复数次,直到筛上的残余物重量比以前一次减少的量小于 0.10 g 为止,筛上残余物转移至瓶中称量(准确至 0.01 g)。粉剂细度百分含量(X)按下式计算:

$$X = \frac{m_1 - m_2}{m_1} \times 100\%$$

式中:X 为细度百分含量,%;m_1 为粉剂样品质量,g;m_1 为筛上残渣质量,g。

五、实验数据及其处理

观察所制备的硫黄粉剂的外观,检查其流动性:将粉剂从漏斗流泄到平面上堆成圆锥状的堆,该圆锥的抛面为一等腰三角形,计算其坡度角。一般要求坡度角为 65°～75°,坡度角越小流动性越好。

记录和计算所加工的硫黄粉剂的细度含量(%),判断其是否合格。若不合格,从制备条件、制备过程为出发点分析其主要原因。

六、问题讨论或作业

(1)所制备粉剂表现性状如何? 简要描述一下。

(2)粉剂粉粒的细度为何重要? 请结合所学到的植物化学保护理论知识,具体举例说明。

实验七　60％代森锌可湿性粉剂的制备及质量检测

一、实验目的

学习和掌握可湿性粉剂制备过程与质量检测方法。

二、实验原理

可湿性粉剂是将原药、载体和填料、表面活性剂、辅助剂等粉碎成一定粒径的粉状制剂,用水稀释成田间使用浓度时,在表面活性剂的作用下,固体微粒能形成稳定的、可供喷雾的悬浮液。可湿性粉剂的制备常用超微粉碎或气流粉碎,使粉粒细度达到要求,并使用混合机多次混合使产品混合均匀。制备工艺主要可分为5步:预混合、粉碎、再混合、磨细和后混合。

三、试剂和仪器设备

代森锌原药、十二烷基硫酸钠、标准硬水、膨润土、电子天平、标准筛、研钵、玻棒、药匙、白纸、烧杯和秒表等。

四、实验步骤

1. 可湿性粉剂的制备

称取代森锌原药 6.5 g、十二烷基硫酸钠 0.5 g、膨润土 3.0 g,将三者混合均匀后进行研磨,然后过 200 目标准筛,过 200 目筛后的混合体即为 65％代森锌可湿性粉剂。

2. 悬浮性和润湿性的检测

取所配制的可湿性粉剂 0.5 g 加入盛有 200 mL 标准硬水的烧杯中,观察分散、悬浮等现象并将上述悬浮液静置 20 min,观察悬浮液是否发生变化。

向烧杯中加入 100 mL 标准硬水，称取 5.0 g 可湿性粉剂从杯口位置一次倒入水中，液面无过分搅动。加入粉时启动秒表，记录完全润湿时间（精确到秒）。

五、实验数据及其处理

可湿性粉剂的部分质量标准：外观为自由流动的粉末；润湿性以润湿时间计算，老品种为 5～15 min，新品种 1～2 min；悬浮率，老品种 40％左右，新品种 70％左右。

记录实验过程中的现象如悬浮性、沉降快慢等以及润湿时间，判断所制备的可湿性粉剂是否合格，并分析其原因。

六、问题讨论或作业

（1）简述润湿性对于可湿性粉剂农药药效的发挥有何影响。

（2）可湿性粉剂的润湿时间与哪些因素有关系？如何协调润湿时间与沉降速率的关系？

实验八　20％三唑酮乳油的配制及质量检测

一、实验目的

学习和掌握农药乳油的加工工艺和配制方法,掌握制备中溶剂和乳化剂的选择方法以及乳油特性的评价方法。

二、实验原理

乳油是农药中使用最广泛、最重要的剂型,一般由原药、溶剂和乳化剂组成,其他组分根据需要添加,如助溶剂、稳定剂、渗透剂等。乳油配方的关键在于溶剂和乳化剂的选择,但有时助溶剂和稳定剂选择的合适与否也决定着乳油配方的成败。乳油的加工是一个物理过程,就是按照选定的配方,将原药溶解于有机溶剂中,再加入乳化剂等其他助剂,在搅拌下混合、溶解,制成单相透明的液体。

乳油的质量标准主要为:外观为单相透明液体;有效成分应不低于规定的含量;自发乳化性、乳化稳定性、酸碱度、水分含量、热贮稳定性、冷贮稳定性、闪点等符合规定的标准。

三、试剂和仪器设备

95％三唑酮原药、乳化剂 3202、溶剂甲苯或二甲苯均为工业品。基本配方:三唑酮原药 20％,乳化剂用量 12％,甲苯或二甲苯 68％。

500 mL 三口玻璃圆底烧瓶、玻璃漏斗、0~100℃玻璃温度计、浆式搅拌器、电子恒速搅拌机、200 mL 烧杯、100 mL 量筒、GC-8A 气相色谱仪、电子分析天平(0.000 1 g、300 g 电子天平、250 mL 试剂瓶、水浴锅)等。

四、实验步骤

1.乳油的配制方法

安装好实验装置,按配比先将溶剂一次加入 3 个玻璃圆底烧瓶内。开启搅拌,然后一次加入所需农药原油或原药,若是原药,则需待固体原药完全溶解后,再按比例加入乳化剂。若需助溶剂,根据情况可先加助溶剂,再加溶剂等。搅拌 1 h 后,取样分析其活性组分含量和乳化性能测定。

2.乳油的质量检测

质量检测包括有效成分的含量、水分、低温和热贮稳定性等。

①有效成分的含量采用气相色谱法。

②水分检测采用卡尔·费休化学滴定法,具体见国家标准 GB/T 1600—2001。

③低温稳定性检测:试样在 0℃保持 1 h,记录有无固体和油状物析出,继续在 0℃贮存 7 d,离心将固体析出物沉降,记录其体积。质量未发生变化的试样合格。具体见国家标准 GB/T 19137—2003。

④热贮稳定性检测:试样放入(54±2)℃恒温箱(或恒温水浴)中,放置 14 d。取出冷至室温,将安瓿瓶外面拭净分别称量,质量未发生变化的试样合格。具体见国家标准 GB/T 19137—2003。

五、实验数据及其处理

观察乳油的外观,检测其分散性、乳化性和稳定性,具体方法请参考本书第二单元实验一。

记录和计算实验所得到的数据,得出有效成分的含量、水分含量、低温和热贮稳定性,判断所加工的 20％三唑酮乳油是否合格,并分析其原因。

六、问题讨论或作业

(1)农药乳油中的溶剂选择的理论依据是什么？请举出目前乳油剂型常用的溶剂名称,并指出其优缺点。

(2)农药乳油中的乳化剂选择的理论依据是什么？请结合所学到的植物化学保护知识举例说明。

实验九　4.5%高效氯氰菊酯水乳剂
的配制与质量检测

一、实验目的

学习和掌握农药水乳剂的加工工艺和配制方法,熟悉农药水乳剂质量标准及其检测方法。

二、实验原理

水乳剂是将亲油性液体原药或低熔点固体原药溶于少量不溶于水的有机溶剂所得的液体油珠(0.1~10 μm)分散在水中的悬浮体系,外观为乳白色牛奶状液体,与乳油相比具有安全、污染少的特点。水乳剂的加工工艺比较简单,通常方法是将原药、溶剂、乳化剂和共乳化剂混合溶解在一起,成为均匀油相。将水、分散剂、抗冻剂等混合在一起,呈均一水相。在高速搅拌下,将水相加入油相或将油相加入水相,形成分散良好的水乳剂。水乳剂配方的关键在于溶剂和乳化剂的选择,有时乳化剂选择的合适与否也决定着水乳剂配方的成败。

水乳剂的质量标准:外观为不透明乳白色或其他颜色黏稠状乳液;有效成分含量、pH、乳液稳定性、倾倒性符合规定;热储稳定性,(54±2)℃条件下贮存 14 d,分解率符合规定,观察是否出现油层和沉淀;低温稳定性,在 0、−5、−9℃条件下贮存 7 或 14 d,不分层无结晶为合格。

三、试剂和仪器设备

95%高效氯氰菊酯原药、专用乳化剂、二甲苯均为工业品。高剪切乳化机,电子天平,烧杯等。

四、实验步骤

1. 水乳剂的配制方法

安装好实验装置。建议配方:高效氯氰菊酯原药4.5%,乳化剂用量8%,二甲苯和水补足剩余部分。按配比先将溶剂一次加入3个玻璃圆底烧瓶内。开启搅拌,然后一次加入所需农药原药,待固体原药完全溶解后,再按比例加入乳化剂。溶解完全后,滴加软化水或去离子水,开启剪切乳化机,随着滴加速度的加快,逐步提高转速。滴加完成后,稳定转速继续进行剪切,取样检测是否合格。

2. 水乳剂的质量检测

包括有效含量,水分、低温和热贮稳定性。检测方法同本书第二单元实验八。

五、实验数据及其处理

记录和计算实验所得到的数据,得出有效成分的含量、水分含量、低温和热贮稳定性,判断所加工的4.5%高效氯氰菊酯水乳剂是否合格,并分析其原因。

六、问题讨论或作业

(1)制备水乳剂时的乳化方式有哪几种?试比较不同乳化方式的实验效果。
(2)比较水乳剂与微乳剂、乳油的异同点。

实验十 20％吡虫啉可溶性液剂的配制与质量检测

一、实验目的

学习和掌握农药可溶性液剂的加工工艺和制备方法,熟悉农药可溶性液剂的质量控制指标及其测定方法。

二、实验原理

可溶性液剂一般由原药、与水相溶的有机溶剂和乳化剂组成的透明、均一的液体制剂,用水稀释后形成真溶液,用于喷雾。可溶性液剂配方的关键在于溶剂和乳化剂的选择,溶剂必须与水混溶,乳化剂对原药必须具有增溶作用。该剂型的配制过程与乳油基本相同。

三、试剂和仪器设备

95％吡虫啉原药、非离子乳化剂、二甲基甲酰胺(DMF)、甲醇均为工业品。搅拌器、三口瓶、量筒、烧杯等。

四、实验步骤

1.可溶性液剂的配制

建议配方比例:吡虫啉原药 20％,乳化剂用量 12％,DMF 用量 20％,甲醇48％。按配比先将助溶剂一次加入三口玻璃圆底烧瓶内。开启搅拌,然后加入所需农药原药,待完全溶解后,再加入溶剂,搅拌均匀后再按比例加入乳化剂,再充分搅拌均匀。待取样检测合格后即可出料包装,贴上标签备用。

2.可溶性液剂的质量检测

观察外观,是否为透明均相溶液;检查制剂与水的互溶性,一般为 20 倍液稀释,观察溶液是否还为透明。

有效含量,水分、低温和热贮稳定性。检测方法同本书第二单元实验八。

五、实验数据及其处理

记录和计算实验所得到的数据,得出有效成分的含量、水分含量、低温和热贮稳定性,判断所加工的 20％吡虫啉可溶性液剂是否合格,并分析其原因。

六、问题讨论或作业

(1)可溶性液剂与水剂有什么区别?

(2)什么样的农药原药可以加工成可溶性液剂?

第三单元
农药毒理与环境毒理

实验一 昆虫乙酰胆碱酯酶的动力学测定及 I_{50} 测定

乙酰胆碱酯酶（AChE）是有机磷和氨基甲酸酯类杀虫剂的作用靶标，大量使用有机磷和氨基甲酸酯类造成昆虫的抗药性。研究昆虫体内 AchE 酶动力学性质，可为昆虫产生抗性机制的研究提供理论基础。酶动力学是研究酶性质的主要手段，其中酶与底物的亲和力（即米氏常数 K_m）和酶的最大反应速率（v_{max}）是两个最基本的生化指标。

一、实验目的

(1)学习计算昆虫乙酰胆碱酯酶米氏常数（K_m）和最大反应速率（v_{max}）的方法。
(2)学习计算抑制剂对昆虫乙酰胆碱酯酶的抑制中浓度（I_{50}）。

二、实验原理

Michaelis 和 Menten 最早尝试分析酶反应的动力学，他们引入酶反应速率的两个基本动力学参数，即最大反应速率 v_{max} 和米氏常数 K_m。Michaelis-Menten 方程最初是作为描述实验测量结果的经验式而提出的，但后来被基于特定的分子机理而证实。

酶促反应速率与底物浓度的关系可用米氏方程来表示：

$$v = \frac{v_{max}[S]}{K_m + [S]}$$

式中：v 为反应初速率，$\mu mol/min$；v_{max} 为最大反应速度，$\mu mol/min$；$[S]$ 为底物浓度，mol/L；K_m 为米氏常数，mol/L。

v_{max} 是一个宏观性质，是随着酶浓度的改变而改变的，而 K_m 是一个本征值，与酶的浓度无关。也正因为 K_m 是一个特征常数，所以有时也可通过它来鉴别不同来源或相同来源但在不同发育阶段、不同生理状况下催化相同反应的酶是否属于同一种酶。K_m 越大说明复合物越易解离，即说明酶与底物的亲和力愈小；反之，

K_m 越小,可以认为酶与底物的亲和力愈大。

当 $v = v_{max}/2$ 时,$K_m = [S]$。表示 K_m 相当于反应达到最大速率 1/2 时底物的浓度,或相当于使反应系统有 1/2 酶分子参加反应所必须具有的底物浓度,K_m 是衡量反应速率与底物浓度间关系的尺度。因此常可通过 K_m 来确定酶反应应该使用的底物浓度。

Lineweaver 和 Burk 引进了双倒数法(双倒数作图法)求最大反应速率 v_{max} 和米氏常数 K_m,它是用实验方法测 K_m 和 v_{max} 值的最常用的简便方法。

式中 v 和 $[S]$ 分别为反应速度和底物浓度。

实验时可选择不同的 $[S]$,测定对应的 v,以 $1/v$ 对 $1/[S]$ 作图,得到一个斜率为 $\dfrac{K_m}{v}$ 的直线,其截距 $\dfrac{1}{[S]}$ 则为 $\dfrac{1}{K_m}$,由此可求出 K_m 的值(截距的负倒数)如图 3-1-1 所示。

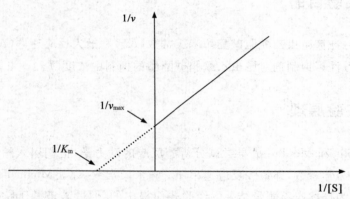

图 3-1-1　双倒数作图法

本实验采用 Lineweaver-Burk 双倒数作图法测定。乙酰胆碱酯酶催化碘化硫代乙酰胆碱的水解反应,生成胆碱和乙酸。胆碱与二硫对硝基苯甲酸(显色剂)产生显色反应,使反应液呈黄色。通过在 412 nm 处测定光密度值可获得产物的含量。

I_{50} 表示的是乙酰胆碱酯酶 50% 的活性被抑制时所需的抑制剂浓度。可以用来反映乙酰胆碱酯酶对各种抑制剂的敏感性。I_{50} 越小代表抑制剂抑制酶的活性越强。实验中通过测定不同抑制剂浓度下乙酰胆碱酯酶的活性变化,最终能够计算出不同抑制剂的 I_{50}。

三、试剂和仪器设备

(1)试剂:5,5′-二硫双对硝基苯甲酸(5,5′-dithio-bis [2-nitrobenzoic acid],DTNB)、碘化硫代乙酰胆碱(acetylthiocholine iodide,ATCh)、灭多威(methomyl)、残杀威(propoxur)。

(2)主要仪器:高速冷冻离心机、紫外-可见分光光度仪、电子天平、移液器、水浴锅。

四、实验步骤

1. 粗酶源的制备

将羽化后2~3 d的家蝇成虫置于−72℃的超低温冰箱30 min,取其头部,按400头加5 mL冰冷磷酸缓冲液(0.025 mol/L,pH 7.4,含1‰Triton X-100)的比例,于冰上匀浆。匀浆液于4℃,12 000 r/min离心25 min,取上清液作为酶源,4℃保存备用。

2. 乙酰胆碱酯酶 K_m 和 v_{max} 值的计算

取酶液0.1 mL与0.1 mL 7个不同浓度的硫代乙酰胆碱(ATCh)混匀,在30℃下水浴反应15 min,然后加入3.6 mL显色剂(DTNB)终止反应。5 min后,用紫外分光光度计,在412 nm处测定光密度(optical density,OD)值,采用Lineweaver-Burk作图法,求出 K_m 和 v_{max}。

3. I_{50} 值的计算

用磷酸缓冲液(pH 7.5)将抑制剂配成7个浓度梯度,各取0.1 mL,加入0.1 mL酶液,对照为不含抑制剂的酶液。抑制10 min后,各加入0.1 mL ATCh (15 mmol),水浴30℃、15 min后,各管加入3.6 mL的DTNB(15 mmol)。5 min后,用紫外分光光度计,在412 nm处测定OD值。将抑制剂浓度的LOG值和 OD_{412} 值作图,根据曲线拟合方程计算获得抑制剂的 I_{50} 值。

五、实验数据及其处理

(1) K_m 和 v_{max} 值的计算

ATCh/(mol/L)							
OD_{412}							

$K_m =$

$v_{max} =$

(2)I_{50}值的计算

抑制剂浓度/(mol/L)							
OD$_{412}$							

抑制剂的抑制中浓度(I_{50})＝

六、问题讨论或作业

(1)初速率的测定应注意什么问题?

(2)本实验中初速率的单位为吸光度/分(A/min)与米氏方程中的单位并不相同,为什么不影响 K_m 的测定?

(3)试说明米氏常数 K_m 的物理意义和生物学意义。

(4)为什么说米氏常数 K_m 是酶的一个特征常数而 v_{max} 则不是?

(5)作业:提交实验报告,要求用 Excel 进行分析,计算回归方程,并通过回归方程计算出乙酰胆碱酯酶的 K_m、v_{max} 值以及 I_{50} 值。

实验二　昆虫体内解毒酶——酯酶同工酶的活性测定

一、实验目的

(1)学习测定昆虫酯酶活性的方法。

(2)学习 Bradford(考马斯亮蓝 G-250)法测定蛋白质含量。

二、实验原理

酯酶也称为非特异性酯酶,包括羧酸酯酶(B-酯酶)、芳基酯酶(A-酯酶)、乙酰酯酶等。由于这类酶对 α-醋酸萘酯和 β-醋酸萘酯都有相同强度的催化作用,因而可以利用 α-醋酸萘酯或 β-醋酸萘酯作为底物用来测定昆虫体内酯酶同工酶的活性。酯酶能够催化 α-醋酸萘酯(或 β-醋酸萘酯)水解生成 α-萘酚(或 β-萘酚),萘酚与固蓝 B 盐发生蓝棕色的显色反应。通过吸光度值与消光系数[25.4 m/(mol/L·cm)]的比值获得 α-萘酚的产量,消光系数(ε)表示被测溶液对光的吸收大小,用公式表示为

$$OD = \varepsilon \times b \times c$$

式中:b 为光程长度,cm,一般比色皿光程均为 1 cm;c 为吸光物质的浓度,mg/L。

该实验中 OD 与 ε 的比值为 α-萘酸的产量,在波长、溶液和温度确定的情况下,消光系数是由被测物质的特性决定的,是一个固定值,虽然 ε 与使用的仪器有关,但该实验使用 25.4 mmol/L/cm 值(实验测定后的公认值)。通过以下公式获得昆虫酯酶活性(E):

$$E = \frac{OD}{0.025\,4 \times t \times m_{Pro}}$$

式中:E 为酶活性;OD 为光密度值;t 为反应时间,min;m_{Pro} 为总蛋白质量,mg。

三、试剂和仪器设备

(1)试剂:α-乙酸萘酯(α-napthyl acetate,α-NA)、β-乙酸萘酯(β-napthyl acetate,β-NA)、毒扁豆碱(eserine)、十二烷基硫酸钠(sodium dodecylsulfate,SDS)、牛血清白蛋白(bovine serum albumin,BSA)、固蓝B盐(Fast blue B salt)。

(2)主要仪器:冷冻高速离心机、紫外-可见分光光度计。

四、实验步骤

1. 酶液制备

挑取个体大小均一的羽化第3~4天的家蝇腹部,冰浴中加入磷酸缓冲液进行匀浆(0.04 mol/L,pH 7.0),匀浆液4℃,10 800 r/min,离心15 min,上清液经脱脂棉过滤后作为粗酶液。—80℃冻存备用。

2. 酯酶活性的测定

在每个试管中依次加入3.6 mL底物缓冲液(含3×10^{-4} mol/L α-乙酸萘酯和毒扁豆碱),0.8 mL磷酸缓冲液(0.1 mol,pH 7.0),0.2 mL的粗酶液,30℃水浴反应15 min后,加入0.9 mL固蓝B显色液(1%固蓝B盐与5%SDS比例为2∶5)终止反应并显色,静止5~10 min后测定600 nm(α-NA)或者555 nm(β-NA)下的吸光值。对照组在加入固蓝B显色液后补加0.2 mL酶液。每个重复取3个平行测定的平均值。

3. 考马斯亮蓝G-250法测定蛋白含量

采用3 mL的反应体系,其中0.5 mL酶液,2.5 mL G-250溶液,5~20 min内测定595 nm下的吸光度值,对照为缓冲液。用牛血清蛋白标准品制作标准曲线。

五、实验数据及其处理

蛋白标准曲线：

BSA 浓度						
OD$_{595}$						

昆虫酶液蛋白含量（OD$_{595}$）＝

酯酶活性（E）的公式为：

$$E=\frac{\mathrm{OD}_{样品}-\mathrm{OD}_{对照}}{0.025\ 4\times t\times m_{\mathrm{Pro}}}$$

式中：OD$_{样品}$为样品的吸光度值；OD$_{对照}$为对照组的吸光度值；t 为反应时间，15 min；m_{Pro}为总蛋白的质量，mg。

六、问题讨论或作业

（1）酯酶同工酶测定的意义？

（2）是否可能分别测定昆虫体内不同的酯酶？

（3）作业：提交实验报告，要求用 Excel 进行分析，计算回归方程，并通过回归方程计算出酶液中蛋白质的含量，最终计算得出酯酶活性。

实验三　杀菌剂对菌体细胞膜麦角甾醇合成的影响测定

一、实验目的

学习利用紫外分光光度法测定杀菌剂对病原真菌麦角甾醇合成的影响。

二、实验原理

麦角甾醇又称麦角固醇,是真菌细胞膜的重要组分,也是真菌类的特征化合物。采用醇碱皂化提取麦角甾醇,利用其在波长 282 nm 处有最大吸收峰,采用紫外分光光度法测定杀菌剂对病原真菌麦角甾醇合成的影响。

三、实验仪器与设备

电子天平(感量 0.1 mg)、紫外分光光度计、离心机、摇床、高压灭菌锅、移液器等。

四、实验材料

(1)试剂:麦角甾醇标准品,乙醇、正庚烷、KOH 均为分析纯。
(2)供试杀菌剂:苯醚甲环唑。
(3)供试病菌:苹果斑点落叶病菌。
(4)PDA 液体培养基。

五、实验步骤

1. 麦角甾醇标准曲线的绘制

准确称取麦角甾醇标准品 5 mg,用乙醇溶解并定容至 50 mL。准确吸取 0、1、

2、3、4、5 mL 此溶液于 10 mL 容量瓶中,用乙醇定容,可得一系列标准浓度样品,在波长 282 nm 处,分别测得吸光度,绘制标准曲线与方程。以光密度值 OD 为纵坐标,对照品的质量浓度 ρ(mg/mL)为横坐标进行回归分析,得麦角甾醇线性回归方程。

2. 药剂处理

接种供试菌于 PDA 培养液中,再按设定的终浓度加入供试杀菌剂,28℃下振荡培养 48 h。菌液于 6 000 r/min 离心 10 min,磷酸缓冲液(PBS)洗涤 2 次,去上清液,得湿菌备用。对照处理不加药剂。

3. 菌体麦角甾醇含量测定

取 0.5 g 湿菌,加入 16 mL 皂化液(25 g KOH 用 40 mL 去离子水溶解,乙醇定容至 100 mL),于 85～90℃处理 3 h 后,加入 10 mL 正庚烷萃取剂,振荡 30 s,静置提取 10 min,水洗至中性,将萃取剂全部蒸干,乙醇定容至 10 mL,按标准曲线测定在 282 nm 处的吸光度。

六、实验数据处理与统计分析

$$X = \frac{c \times V}{m} \times 100\%$$

式中:X 为菌体麦角甾醇含量,%;c 为萃取试样中麦角固醇浓度,mg/mL,由标准曲线上查得;V 为萃取溶剂体积,10 mL;m 为苹果斑点落叶病菌菌体湿重,mg。

$$I = \frac{X_0 - X_t}{X_0} \times 100\%$$

式中:I 为药剂对菌体麦角甾醇合成的抑制率,%;X_0 为空白对照菌体麦角甾醇含量,%;X_t 为药剂处理菌体麦角甾醇含量,%。

七、问题讨论或作业

(1)本实验测定麦角甾醇含量的关键环节是什么?

(2)请查阅文献,对麦角甾醇含量测定方法进行总结。

实验四　杀菌剂对病原真菌琥珀酸脱氢酶活性的影响测定

一、实验目的

学习利用分光光度法测定琥珀酸脱氢酶活性的方法。

二、实验原理

琥珀酸脱氢酶(SDH)是真核细胞和原核细胞进 TCA 途径中的关键酶,在细胞能量代谢中起着重要的作用,其活性变化可反映细胞的能量代谢状况。作为参与三羧酸循环的关键酶,SDH 是反映线粒体功能的标志酶之一,其活性一般可作为评价三羧酸循环运行程度的指标。SDH 能通过一系列人工电子受体,如与PMS(吩嗪二甲酯硫酸盐)、DCPIP(2,6-二氯酚靛酚)等发生反应催化琥珀酸的氧化,而借助这些中间产物的颜色变化,通过分光光度计检测即可加以定量反应,其反应式为:① Succinate ＋ PMS-Fumarate ＋ PMSH$_2$;② PMSH$_2$ ＋ DCPIP-PMS ＋DCPIPH。DCPIP 呈蓝色,标准的吸收光谱在 600 nm 处,这种色泽可因其还原而渐次变淡,从而 600 nm 处的光密度的变化与 DCPIP 含量成正比,测定 2,6-DPIP的还原速度可以推算出 SDH 的活力。一分子 DCPIP 被还原,即代表一分子琥珀酸被氧化。故可通过测定此反应系统在 600 nm 处的吸收光度变化,来计算 SDH的活性。

三、实验仪器与设备

超声波细胞粉碎仪、低温冷冻离心机、恒温振荡培养箱、紫外-可见分光光度计、酶标仪(可用其中之一进行比色)。

四、实验材料

(1)供试杀菌剂:嘧菌酯。

(2)供试病菌:花生叶斑病菌。

(3)PDA 液体培养基。

(4)琥珀酸脱氢酶试剂盒(南京建成生物工程研究所)。

五、实验步骤

1.药剂处理

将供试菌在含不同浓度供试杀菌剂的液体 PDA 培养基中,于 26℃,150 r/min,振荡孵育 5 d。对照加不含药剂的无菌水。收集菌丝样品用于酶活性测定。

2.琥珀酸脱氢酶酶液制备

收集病原菌培养液,1 000×g 离心 10 min,分离得到的菌丝样品,用 PBS(pH 7.4)缓冲液漂洗 3 次,每次 1 000×g 离心 10 min,弃上清液。每组精密称取菌丝样品 0.1 g,各 3 份,分别加入 PBS(pH 7.4)缓冲液 1 mL,置于冰浴上超声破碎细胞,−20℃ 放置过夜,次日反复冻融 2 次,5 000 r/min 离心 5 min,取上清液,即为待测酶液。

3.酶活性测定

严格按照试剂盒说明书进行酶活性测定。

六、实验数据处理与统计分析

杀菌剂对供试菌琥珀酸脱氢酶活性的影响按以下公式计算:

$$I = \frac{E_0 - E_t}{E_0} \times 100\%$$

式中:I 为抑制率,%;E_0 为空白对照琥珀酸脱氢酶活性;E_t 为杀菌剂处理琥珀酸脱氢酶活性。

七、问题讨论或作业

(1)利用分光光度法测定琥珀酸脱氢酶活性的原理。

(2)计算杀菌剂抑制琥珀酸脱氢酶活性的 IC_{50}。

实验五　除草剂作用症状的观察

一、实验目的

通过本实验来观察和比较不同类型除草剂在靶标植物上的作用症状，并结合各自的作用机理进行分析。

二、实验原理

不同类型的除草剂作用机制存在较大的差异，而其作用最终以症状的形式在受害植物上表现出来，如白化、失绿、萎蔫、干枯、斑点、变褐……同时，不同除草剂的作用时间也存在较大的差异。对除草剂作用机制的研究往往开始于对作用症状的观察。

三、试剂和仪器设备

(1)供试药剂及实验靶标

茎叶处理剂:20％百草枯水剂(180 倍液,小麦、油菜)、72％ 2,4-D 丁酯乳油(400 倍液,油菜)、5％精喹禾灵乳油(600 倍液,小麦)、50％吡氟酰草胺可湿性粉剂(900 倍液,玉米)、10％苯磺隆可湿性粉剂(1 500 倍液,大豆、油菜、小麦等)、25％氟磺胺草醚水剂(300 倍液,玉米、油菜、小麦等)。

土壤处理剂:33％二甲戊乐灵乳油[990 g(a.i.)/hm²,油菜等]、90％乙草胺乳油[1 080 g(a.i.)/hm²,小麦等]。

(2)仪器设备:花盆、烧杯、移液器、喷雾器。

四、实验步骤

1. 茎叶处理剂

将受试植物播种于花盆中,培养至 2~4 叶期,用上述茎叶处理剂溶液进行喷洒,经时观察植株受害情况,记录叶色、苗高、各种症状等。具体处理方法参照除草剂的茎叶处理法。

2. 土壤处理剂

将受试植物播种于花盆后,覆土 0.5～1.0 cm,而后用上述土壤处理剂进行喷雾,并经时调查出苗率、各种症状等。具体处理方法参照除草剂的土壤处理法。

五、实验数据及其处理

对苗高、出苗率等可量化的指标,用 Excel、SPSS 等软件进行分析;对各种症状进行记载,分析其成因。

六、问题讨论或作业

(1)分析各种药剂所产生的症状与作用机理之间的关系。

(2)如何理解除草剂作用的时间性?

实验六　除草剂诱导电解质漏出的测定

一、实验目的

测定药剂处理后受体植物电解质的漏出是除草剂作用机理研究中常用的方法，通过本实验了解除草剂诱导电解质漏出的原理，掌握其测定方法。

二、实验原理

一些除草剂在作用于受体植物后，会通过某种方式如诱导活性氧的形成来破坏细胞膜及细胞的结构导致细胞内的电解质外漏，因而，测定电解质的漏出被列为药剂是否破坏膜结构的判定指标之一。

三、试剂和仪器设备

(1)供试药剂：20%百草枯水剂（180 倍液）、25%氟磺胺草醚水剂（300 倍液）、40%莠去津悬浮剂（150 倍液）。

(2)试验靶标：小麦、油菜等。

(3)仪器设备：烧杯（25 mL、50 mL）、移液器、喷雾器、花盆、蛭石（或土壤）、剪刀、电子天平、恒温水浴振荡器、电导仪。

四、实验步骤

(1)盆栽各种受体植物，每盆 10 株，培养至 2～4 叶期。

(2)配制各种除草剂溶液，用喷雾器均匀喷雾。以不施药处理为空白对照。

(3)培养至作用症状明显时，随机取 5 株，剪取植株地上部分，用电子天平称重并记载重量。

(4)将植物样品放入 25 mL 烧杯中，添加等量蒸馏水，使样品完全浸泡。

(5)将烧杯放于恒温振荡器中，于 25℃下振荡培养 3 h。

（6）用电导仪测定溶液中的电导率。

五、实验数据及其处理

根据测得的电导率及样品重量计算各药剂处理植株单位重量的电导率，单位为 $\mu s/(cm \cdot g) f \cdot w(f \cdot w$ 表示鲜重）。

六、问题讨论或作业

（1）比较 3 种药剂对不同植物材料电解质漏出的影响，并结合它们的作用机理进行分析。

（2）开展本实验应注意哪些事项？

实验七　农药在土壤中的降解试验

一、实验目的

学习和掌握研究农药在土壤中的微生物降解的方法。

二、实验原理

土壤是农药环境行为的重要载体,人类所使用的农药及其代谢物有 $80\% \sim 90\%$ 最终进入土壤,从而被土壤颗粒和有机质吸附、被作物吸收,发生光解、微生物降解等一系列过程,因而了解农药在土壤中的降解情况较为重要。农药的土壤降解是指化学农药在土壤环境中从复杂结构分解为简单结构,甚至会降低或失去毒性的作用过程。造成降解的因素有生物的、物理的、化学的等,其中以微生物的降解作用最为重要。微生物降解分为酶促和非酶促作用,包含作为能源或者碳源、共代谢作用、去毒代谢作用、脱烃作用、还原作用和氧化作用等。降解速度取决于农药的种类、土壤水分含量、氧化还原状态及土壤微生物相等。

农药在土壤中的降解作用,以一级动力学模型最为常用,方程式表示如下:

$$c_t = c_0 \times e^{-kt}$$

式中:c_t 为化合物在土壤中降解任意时刻的浓度,c_0 为初始浓度,e 为自然常数(约 2.718 28),k 为化合物在土壤中的降解速率,t 为降解时间。

若试验数据拟合实验符合一级降解动力学模型,可借助 Excel 软件采用以上模型公式进行非线性回归,得出 k 值。则可以求出半衰期(DT_{50}):

$$DT_{50} = \frac{\ln 2}{k}$$

三、试剂和仪器设备

供试农药(建议选择有机磷杀虫剂)、甲醇、色谱纯乙腈、烧杯、供试土壤、固相萃取小柱、电子天平、离心机、MiliQ 纯水仪、人工气候箱、涡旋振荡器、固相萃取装置、岛津高效液相色谱(包括 2 个 LC-20AT 泵、1 个 SPD-M20A 紫外检测器、LC solution 工作站、反相色谱柱)。

四、实验步骤

1. 土壤中药物的添加

准确称取 90 g 供试土壤于 250 mL 烧杯中,并向其中加入蒸馏水,使其水土比为 1∶5,置于 25℃恒温培养箱中黑暗预培养 7 d;另准确称量土壤 10 g 于培养皿中,并向其中添加农药的甲醇溶液,用玻璃棒混匀后置于通风橱中过夜,待甲醇彻底挥发后与预培养的土壤在振荡器上充分混匀,使农药在土壤中的初始浓度为 1.0 和 5.0 $\mu g/g$。

2. 降解实验

添加农药的土壤放在烧杯后,放置在 25℃恒温培养箱中预培养 15 d,定期补充水分,光暗时间比为 12 h∶12 h。每 3 d 取土壤 5 g。

3. 农药的提取和检测

用甲醇或者乙腈溶解取样土壤,采用固相萃取方法对样品进行净化和提取。提取液经 0.45 μm 滤膜过滤后,即为液相色谱进样样品。打开岛津液相色谱仪,设置好相关参数,使用外标法对进样样品进行液相色谱测定,确定不同时间土壤中农药的浓度。

五、实验数据及其处理

按照表 3-7-1 格式填写数据,记录不同初始浓度(1.0 和 5.0 $\mu g/g$)、不同时间(3、6、9、12、15 d)土壤中的药物浓度,以时间为横坐标、浓度为纵坐标,做出时间-浓度曲线,以一级降解动力学为模型进行回归分析,得出农药在土壤中的半衰期(DT_{50})。

表 3-7-1　农药在土壤的降解半衰期

初始浓度/($\mu g/g$)	取样时间/d	药物浓度/($\mu g/g$)	DT_{50}/d
1	3		
	6		
	9		
	12		
	15		
5	3		
	6		
	9		
	12		
	15		

六、问题讨论或作业

(1)农药随时间的降解有何特点？是否符合一级降解动力学模型？

(2)初始浓度对药物的降解有何影响？请结合实验计算结果举例说明。

实验八　农药对水生生物的安全性评价——急性毒性试验

一、实验目的

学习并掌握农药对鱼类毒性的测定方法及毒性分级标准;学习并掌握农药对藻类毒性的测定方法及毒性分级标准。

二、实验原理

化学农药的广泛使用,使其在环境中的残留量大大增加,通过地表吸附、雨水冲刷和渗透等途径进入水环境,威胁水生生态安全,因而在农药登记中农药对水生生物的安全性评价是重要的和必要的。在水生生物安全性评价中,一般采取鱼类作为水生动物的代表,藻类作为水生植物的代表。

用不同浓度的药液饲养鲤鱼或斑马鱼,一定时间后观察农药对鱼类的毒性作用。根据化学农药环境安全性评价试验准则,对鱼类的毒性按 96 h 测得的 LC_{50} 的大小划分为 3 个等级:>10 mg/L 为低毒农药,$1.0\sim10$ mg/L 为中毒农药,<1.0 mg/L 为高毒农药。

用不同浓度的药液培养藻类(栅列藻、月牙藻或小球藻),4 d 后,观察农药对小球藻生长的抑制情况,处理的生长率显著低于对照生长率即为受到抑制。

三、试剂和仪器设备

分析天平、玻璃鱼缸、小烧杯、供试农药、鲤鱼或斑马鱼、供试藻类等。

四、实验步骤

1.农药对鱼类的急性毒性

供试鱼种用鲤鱼或斑马鱼,选用同一批孵化的健康小鲤鱼或小斑马鱼(平均体长 3.6 cm、重 0.5 g),实验前先在室内驯化饲养 1 周,预养期间鲤鱼生长正常,无一死亡(毒性测试规定死亡率应<5%),实验用鱼健康无病、大小一致,实验前 1 d 停止喂食,实验中也不喂食。实验用水为经曝气处理 24 h 以上的自来水,pH 控制为 6.8~7.5,实验时每个实验缸定时曝气充氧,以保证水中溶解氧在正常含量范围(5 mg/L 以上)。实验容器为 25 L 的玻璃缸,试验时在每个缸中配制 20 L 不同浓度的药液,并投入 10 尾鲤鱼或斑马鱼,实验过程中水温保持在 20℃左右。

正式实验前,先按正式实验的条件进行预试,以求出供试农药对供试鱼类的最大安全浓度与最低致死浓度。然后在此浓度范围内,按一定的等比级差将供试农药配成 5~8 个浓度梯度,另设一组不加药液的空白对照。实验采用每隔 24 h 更换一次药液的半静态法进行测定,重复 3 次,记录 24、48、72 与 96 h 的毒害症状与死亡率,实验过程中及时清除死鱼。

2. 农药对藻类的急性毒性

一般用栅列藻为供试藻种,也可用小球藻或绿藻,供试藻种要纯正,用水生 6 号培养液培养到细胞密度为 10^5 个/mL,光照强度为 5 000 lx。

正式实验前,先按正式实验的条件进行预试,以求出供试农药对藻类的最大安全浓度与最低致死浓度。然后在此浓度范围内,按一定的等比级差将供试农药配成 5~8 个浓度梯度,另设一组不加药液的空白对照。然后进行农药对藻尖生长抑制实验,实验时间为 4 d。

藻类若为铜铝微囊,96 h 后可使用紫外分光光度计测定藻液在 680 nm 处的吸光度(OD_{680}),抑制率(I)计算公式为:

$$I = \frac{对照\ OD_{680} - 处理\ OD_{680}}{对照\ OD_{680}} \times 100\%$$

五、实验数据及其处理

(1)对于鱼类实验,记录实验数据,按照表 3-8-1 格式填写数据,根据死亡数计算死亡率,以药物浓度的对数值为横坐标,死亡率所对应的概率值为纵坐标,借助 Excel 软件进行回归分析,进而计算 LC_{50}。

表 3-8-1　农药对鱼类的急性毒性

药物浓度/(mg/L)	浓度对数值	96 h 死亡率/%	死亡率概率值

（2）对于藻类实验，记录实验数据，按照表 3-8-2 格式填写数据，以药物浓度对数值为横坐标，抑制率所对应的概率值为纵坐标，借助 Excel 软件进行回归分析，从而计算 EC_{50}。

表 3-8-2　农药对藻类的急性毒性

药物浓度/(mg/L)	浓度对数值	96 h 抑制率/%	抑制率概率值

六、问题讨论或作业

（1）对实验结果进行分析，根据农药对鱼类的毒性分级标准，确定所测农药对鱼类的急性毒性。

（2）对实验结果进行分析和讨论，根据农药对藻类的毒性分级标准，确定所测农药对藻类的毒性。

（3）鱼类急性毒性试验期间，哪些环境因素会影响结果的准确度？

第四单元
农药残留分析

实验一　速测卡法快速检测蔬菜样品中的农药残留

一、实验目的

利用农药残留速测卡快速检测蔬菜样品中的有机磷或氨基甲酸酯类农药的存在。

二、实验原理

农药速测卡是 55 mm×22 mm 的长方形纸条,上面对称贴有直径 15 mm 的白色、红色圆形药片各 1 片。白片中含有动物血清中提取的胆碱酯酶,红片中含有乙酰胆碱类似物 2,6-二氯靛酚乙酸酯,2,6-二氯靛酚乙酸酯在胆碱酯酶的催化下能迅速发生水解反应,生成 2,6-二氯靛酚(蓝色)和乙酸。如果存在有机磷或氨基甲酸酯类农药,胆碱酯酶的活性会受到抑制而不发生水解反应,没有蓝色物质生成。白色药片变成蓝色,说明农药残留在检测限下;白色药片不变蓝,说明含有超出检出限的农药。由此可判断出样品中是否有高剂量有机磷或氨基甲酸酯类农药的存在。

三、实验仪器与设备

电子天平(感量 0.1 mg)、恒温培养箱。

四、实验材料

(1)蔬菜样品。

(2)速测卡。

(3)pH 7.5 缓冲液:分别取 15.0 g 磷酸氢二钠($Na_2HPO_4 \cdot 12H_2O$)与 1.59 g 无水磷酸二氢钾,用 500 mL 蒸馏水溶解。

五、实验步骤

1.整体测定法

(1)选取有代表性的蔬菜样品,擦去表面泥土,剪成 1 cm 左右见方碎片,取 5 g 放入带盖瓶中,加入 10 mL 缓冲溶液,振摇 50 次,静置 2 min 以上。

(2)取一片速测卡,用白色药片蘸取提取液,放置 10 min 以上进行预反应,有条件时在 37℃恒温装置中放置 10 min。预反应后的药片表面必须保持湿润。

(3)将速测卡对折,用手捏 3 min 或用恒温装置恒温 3 min,使红色药片与白色药片叠合发生反应。

(4)每批测定应设一个缓冲液的空白对照卡。

2.表面测定法

(1)擦去蔬菜表面的泥土,滴 2~3 滴缓冲液在蔬菜表面,用另一蔬菜在滴液处轻轻摩擦。

(2)取一片速测卡,将蔬菜上的液滴滴在白色药片上。

(3)放置 10 min 以上进行预反应,有条件时在 37℃恒温装置中放置 10 min。预反应后的药片表面必须保持湿润。

(4)将速测卡对折,用手捏 3 min 或用恒温装置恒温 3 min,使红色药片与白色药片叠合发生反应。

(5)每批测定应设一个缓冲液的空白对照卡。

六、实验数据处理与统计分析

结果以酶被有机磷或氨基甲酸酯类农药抑制(为阳性)、未抑制(为阴性)表示。

与空白对照卡比较,白色药片不变色或略有浅蓝色均为阳性结果。白色药片变为天蓝色或与空白对照卡相同,为阴性结果。

对阳性结果的样品,可用其他分析方法进一步确定具体农药品种和含量。

七、问题讨论或作业

(1)速测卡法检测农药残留的原理是什么?

(2)速测卡法检测农药残留的优势与局限性有哪些?

实验二　分光光度法快速检测蔬菜样品中的农药残留

一、实验目的

学习丁酰胆碱酯酶分光光度法检测蔬菜样品中的有机磷或氨基甲酸酯类农药的存在。

二、实验原理

以碘化硫代丁酰胆碱（S-butyryl thiocholine iodide，BTCI）为底物，在丁酰胆碱酯酶的作用下底物水解成碘化硫代胆碱和丁酸，碘化硫代胆碱和显色剂二硫代二硝基苯甲酸（DTNB）显色反应，反应液呈黄色，用分光光度计在 412 nm 处测定吸光度随时间的变化值，计算出抑制率。通过抑制率可以判断出样品中是否有高剂量有机磷或氨基甲酸酯类农药的存在。

三、实验仪器与设备

电子天平（感量 0.1 mg）、紫外-可见分光光度计。

四、实验材料

（1）待检测蔬菜样品。

（2）试剂如下。

①pH 8.0 缓冲液：分别取 11.9 g 无水磷酸氢二钾与 3.2 g 磷酸二氢钾，用 1 000 mL 蒸馏水溶解。

②显色剂：分别取 160 mg DTNB 和 15.6 mg 碳酸氢钠，用 20 mL 缓冲液溶解，4℃冰箱中保存。

③底物：取 25.0 mg 碘化硫代丁酰胆碱，加 3.0 mL 蒸馏水溶解，摇匀后置于 4℃冰箱中保存备用，保存期不超过 2 周。

④丁酰胆碱酯酶：根据酶的活性情况，用缓冲溶液溶解。摇匀后置于 4℃冰箱中保存备用，保存期不超过 4 d。

五、实验步骤

1. 样品处理

选取有代表性的蔬菜样品，冲洗掉表面泥土，剪成 1 cm 左右见方碎片，取样品 1 g，放入烧杯或提取瓶中，加入 5 mL 缓冲液，振荡 1～2 min，倒出提取液，静置 3～5 min，待用。

2. 对照溶液测试

先于试管中加入 2.5 mL 缓冲溶液，再加入 0.1 mL 酶液、0.1 mL 显色剂，摇匀后于 37℃放置 15 min 以上（每批样品的控制时间应一致）。加入 0.1 mL 底物摇匀，此时检液开始显色反应，应立即放入仪器比色池中，记录反应 3 min 的吸光度变化值 ΔA_0。

3. 样品溶液测试

先于试管中加入 2.5 mL 缓冲溶液，其他操作与对照溶液测试相同，记录反应 3 min 的吸光度变化值 ΔA_t。

六、实验数据处理与统计分析

1. 结果计算

$$I = \frac{A_0 - A_t}{A_0} \times 100\%$$

式中：I 为抑制率，A_0 为对照溶液反应 3 min 吸光度的变化值，A_t 为样品溶液反应 3 min 吸光度的变化值。

2. 结果判定

结果以酶被抑制的程度（抑制率）表示。

当蔬菜样品提取液对酶的抑制率≥50％时，表示蔬菜中有高剂量有机磷或氨基甲酸酯类农药存在，样品为阳性结果。阳性结果的样品需要重复检验 2 次以上。

对阳性结果样品，可用其他方法进一步确定具体农药品种和含量。

七、问题讨论或作业

（1）丁酰胆碱酯酶分光光度法检测农药残留的原理是什么？

（2）对于一些叶绿素含量高的蔬菜如何减少色素对测定的干扰？

实验三　气相色谱法测定牛乳中的有机磷类农药残留

一、实验目的

(1)学习牛乳中有机磷类农药的提取净化方法。

(2)用气相色谱法测定牛乳中有机磷类农药的残留量。

二、实验原理

气相色谱法可同时快速灵敏分析多种组分,适合农药残留分析。常用的检测器有电子捕获检测器(ECD)和火焰光度检测器(FPD)。对于 DDT、溴氰菊酯这类含卤素的农药可以采用 ECD 检测器,其对强电负性元素响应值高,而对于有机磷类则可以采用 FPD 检测器。

由于牛乳组成复杂且同时检测多种有机磷农药,所以使用程序升温进行分离,以达到在不同阶段有不同的温度,使待测物在适当的温度下流出,用较短的分析时间达到较好的分离效果。

三、实验仪器与设备

气相色谱仪(配火焰光度检测器)、色谱柱(30 m×0.25 mm×0.25 μm)、超速离心机、旋转蒸发仪、三角瓶振荡器、无油真空泵。

四、实验材料

(1)材料:纯牛奶。

(2)试剂:敌敌畏(Dichlorvos)、甲胺磷(Methamidophos)、久效磷(Monocroto-phos)、甲拌磷(Phorate)、杀扑磷(Methidathion)、倍硫磷(Fenthion)标样。丙酮、乙腈、二氯甲烷、氯化钠、甲醇、无水硫酸钠、三氯甲烷均为国产分析纯。

五、实验步骤

1.牛乳中有机磷农药的提取净化

用移液管移取 10 mL 纯牛奶样品,在牛乳样品中加入 1 mL 丙酮,混匀后加入 14 mL 有机提取液(丙酮∶乙腈 ＝1∶4),静置 20 min,然后振摇 30 s 混匀,在离心机上以 4 500 r/min 离心 5 min,将离心机中的上清液收集到 150 mL 的分液漏斗中,再向离心管中加入 1 mL 水及 10 mL 的有机提取液(丙酮∶乙腈 ＝ 1∶4)按上述方法提取,重复 3 次,收集上清液。

在收集了提取液的分液漏斗中加入 25 mL 二氯甲烷,剧烈振摇,注意放气,振摇完毕后在分液漏斗中加入 2 mL 甲醇,静置、分层,将分液漏斗中有机相收集至 100 mL 比色管中。在分液漏斗中的上层水相中分别加入 20 mL、10 mL 二氯甲烷,再提取 2 次,将提取的有机溶液都收集在 100 mL 比色管中,并用二氯甲烷将比色管定容至 100 mL 的刻度线。

在定容后的比色管中加入 10 g 无水硫酸钠,振摇、静置,移取 50 mL 提取液经少量无水硫酸钠过滤至圆底烧瓶中,在旋转蒸发仪上 60℃ 旋转浓缩,氮吹至干,用丙酮定容 5 mL,待测,外标法定量。

2.色谱条件

毛细管柱:30 m×0.25 mm×0.25 μm。

进样温度:220℃;检测温度:250℃;柱箱:100℃ 起以 35℃/min 升至 250℃ 保留 10 min。

载气:高纯氮气,纯度 99.999％,流速 10 mL/min。

燃气:氢气,纯度 99.999％,流速 75 mL/min。

助燃气:空气,流速 100 mL/min。

进样方式:不分流进样,进样体积 1.0 μL,以保留时间定性,峰面积定量。

3.有机磷标准曲线的制作

精确的称取甲胺磷 0.007 05 g、久效磷 0.008 63 g、杀扑磷 0.008 64 g,分别吸取 7 μL 的敌敌畏、甲拌磷及倍硫磷,用丙酮溶解,各自定容于 10 mL 的容量瓶中,配成高浓度的单标液体。分别移取 1 mL 单标液于 25 mL 容量瓶中用丙酮定容,配制成混标。

分别移取 1 mL 混标,将其定容于 25、50、100、200 mL 容量瓶中,编号为 7、6、5、3。移取 1 mL、7 mL 的 6 号标液,分别定容于 10 mL 的容量瓶中,编号为 2、4。

移取 1 mL 的 5 号标液,定容于 10 mL 的容量瓶中,编号为 1。共稀释了 7 个浓度梯度,按照上述的色谱条件上机测定。

以标准样品的质量浓度为横坐标,相应的峰面积为纵坐标,获得多种不同类型的农药标准曲线、相关系数及检出限。

六、实验数据处理与统计分析

气相测定结果计算公式:

$$X = \frac{V_1 \times V_3 \times S_1}{V_2 \times m \times S_0} \times c$$

式中:X 为样品中农药的含量,mg/kg;c 为标准溶液中农药含量,mg/L;m 为样品质量,g;V_1 为提取溶剂的总体积,mL;V_2 为吸取出用于检测的提取溶液的体积,mL;V_3 为样品最后定容体积,mL;S_1 为样品中被测农药峰面积;S_0 为农药标准溶液中被测农药的峰面积。

回收率计算公式为:

$$R = \frac{c}{c_0} \times 100\%$$

式中:c 为样品检测出农药的含量,mg/kg;c_0 为样品加标的农药含量,mg/kg;R 为样品加标回收率。

检测限计算公式为:

$$DL = 3\,Nc/h$$

式中:DL 为检出限,mg/kg;N 为基线噪声;c 为样品浓度,mg/kg;h 为样品峰高。

七、问题讨论或作业

(1)本实验为什么使用火焰光度检测器(FPD)?

(2)本实验为什么采用程序升温对样品进行分离?

(3)残留分析实验对提取溶剂的要求是什么? 提取目的是什么?

(4)在程序升温过程中,有时不进样也会出现色谱峰,这是什么原因?

实验四 固相萃取-高效液相色谱法测定蘑菇中的咪酰胺残留

一、实验目的

(1)学习蘑菇中咪酰胺的提取净化方法。

(2)用液相色谱法测定蘑菇中咪酰胺的残留量。

二、实验原理

实验以丙酮-石油醚(4∶1)为提取剂,采用超声波提取蘑菇中农药残留,经固相萃取柱净化,吹干后用乙腈定容,供液相色谱仪进行测定。

超声波提取法:超声波是一种高频率的声波,超声波在液体中振动时,产生一种空化作用,当发生空化现象时,液体中空气被赶出而形成真空,这些空化气泡具有巨大的破坏作用,利用这种能量,用溶剂将各类样品中残留的农药提取出来。超声波提取法一次可同时提取多个样品,具有简便、快速的特点。

固相萃取法(SPE):它是利用固体吸附剂将液体样品中的目标化合物吸附,达到分离和富集目标化合物的目的。该方法克服了液-液分配和一般柱层析的缺点,具有分离效率高、使用方便、快速、重复性好、操作安全等优点,因而在农药残留,特别是在脂肪和蛋白质含量高的复杂样品中的农药残留物以及农药多残留的分离、提取、净化和浓缩等方面得到广泛应用。

三、实验仪器与设备

高效液相色谱(带 UV 检测器)、分散器、旋转蒸发仪、氮吹仪、固相萃取系统、C18 SPE 小柱和 PSA 小柱、实验室玻璃仪器。

四、实验材料

(1)样品：市售蘑菇。

(2)试剂：咪酰胺标准品（prochloraz,99.0%）、乙腈（色谱纯）、丙酮（色谱纯）、二氯甲烷（色谱纯）、氯化钠、氨水（分析纯）、石油醚（重蒸）所有用水均为超纯水。

五、实验步骤

1.标准工作溶液的配制

准确称取咪酰胺标准品 100 mg,用适量乙腈溶解,25℃下以乙腈定容至 100 mL,即配制成 1 000 mg/L 的储备液,于冰箱中 4℃冷藏备用。

2.样品的前处理

称取经切碎的蘑菇样品 25 g 于 250 mL 烧杯中,加入乙腈 50 mL 超声波提取 10~15 min,Celite545 助滤剂 1 g,抽滤,以 20 mL 乙腈分次洗涤烧杯和滤渣,合并滤液后将其转入分液漏斗,加 5% NaCl 溶液 80 mL,以二氯甲烷 30 mL×2 萃取,合并后的有机相 50℃下减压浓缩至近干,以乙腈 1 mL 复溶。

PSA 小柱以 10 mL 乙腈预淋洗;C18 小柱先以 5 mL 石油醚预淋洗,再以 5 mL 乙腈预淋洗。经过活化的两小柱以接头连接（PSA 小柱在上 C18 小柱在下）,将小柱装于固相萃取装置。取浓缩液过柱,再以乙腈 2 mL+3 mL 洗脱,流出液收集于 10 mL 试管中,于 400C 氮吹仪上以 N_2 吹至 5 mL 以下,以乙腈定容至 5 mL,备测。

3.色谱条件

高效液相色谱,带 320-UV 检测器。

色谱柱：250 mm×4.6 mm(i.d.)不锈钢柱,内填 C18,填充物粒径 5 μm。

流动相：0.5%的氨水：乙腈＝20：80(V/V)。

流速：1.0 mL/min。

检测波长：225 nm。

进样体积：2 μL。

柱温：室温。

六、实验数据处理与统计分析

试样中咪酰胺的质量分数 $X(\%)$，按下式计算：

$$X = \frac{S_2 \times m_1 \times P}{S_1 \times m_2} \times 100\%$$

式中：S_1 为标样溶液中，咪酰胺峰面积的平均值；S_2 为试样溶液中，咪酰胺峰面积的平均值；m_1 为标样的质量，g；m_2 为试样的质量，g；P 为标样中咪酰胺的质量分数，%。

七、问题讨论或作业

(1)超声波提取法的优点是什么？

(2)一个完整的固相萃取操作包括哪几个步骤？

(3)与液液萃取等传统的分离浓缩方法比较,固相萃取具有哪些优点？

(4)根据固相萃取柱中填料的不同,SPE 可分为哪几种类型？

实验五　水果和蔬菜中 450 种农药及相关化学品残留量测定(GB/T 20769—2008)

一、实验目的

(1)了解多类型农药多残留分析。
(2)学习液相色谱—串联质谱法。

二、实验原理

试样用乙腈匀浆提取,盐析离心后,取上清液,经 Sep-PacVac 氨基固相萃取柱净化,用乙腈∶甲苯(3∶1)洗脱农药及相关化学品后,使用液相色谱—串联质谱仪测定,外标法定量。

三、实验仪器与设备

液相色谱—串联质谱仪:配有电喷雾离子源(ESI)、分析天平(感量 0.1 mg 和 0.01 mg)、高速组织捣碎机(转速不低于 20 000 r/min)、离心机(最大转速为 4 200 r/min)、离心管(80 mL)、旋转蒸发仪、鸡心瓶(200 mL)、移液器(1 mL)、样品瓶(2 mL,带聚四氟乙烯旋盖)、氮气吹干仪。

四、实验材料

(1)样品:待检蔬菜或水果。
(2)试剂:水(GB/T 6682)、乙腈、正己烷、异辛烷、甲苯、丙酮、二氯甲烷、甲醇(以上均为色谱纯)、微孔过滤膜(尼龙,13 mm×0.2 mm)、Sep-PacVac 氨基固相萃取柱净化(1 g,6 mL)、乙腈+甲苯(3+1,体积比)、乙腈+水(3+2,体积比)、0.05%甲酸溶液(体积分数)、5 mmol/L 乙酸铵溶液(0.375 g 乙酸铵加水稀释至 1 000 mL)、无水硫酸钠(分析纯,用前在 650℃灼烧 4 h,贮于干燥器中,冷却后备用)、氯化钠(优级纯)、农药及相关化学品标准物质(纯度≥95%)。

五、实验步骤

1. 农药及相关化学品标准溶液的配制与分组

(1)标准储备溶液:分别称取 5～10 mg(精确至 0.1 mg)农药及相关化学品的标准物分别置于 10 mL 容量瓶中,根据标准物质的溶解度选用甲醇、甲苯、丙酮、乙腈或异辛烷等溶剂溶解并定容至刻度[溶剂选择参见《水果和蔬菜中 450 种农药及相关化学品残留量的测定 液相色谱-串联质谱法》(GB/T 20769—2008)附录 A]。标准储备溶液避光 0～4℃保存,可使用 1 年。

(2)7 组混合标准溶液:根据农药及相关化学品的性质和保留时间,将 450 种农药及相关化学品分成 A、B、C、D、E、F 和 G 7 个组,并根据它们在仪器上的灵敏度确定其在混合标准溶液中的浓度。其分组及混合标准溶液中的浓度可以参见《水果和蔬菜中 450 种农药及相关化学品残留量的测定 液相色谱-串联质谱法》(GB/T 20769—2008)附录 A。依据每种农药相关化学品的分组号,混合标准溶液浓度及其标准储备液的浓度移取一定量的单个化学品储备液于 100 mL 容量瓶中,用甲醇定容至刻度。混合标准溶液应避光 4℃保存,可使用 1 个月。

(3)基质混合标准工作溶液的配制:是用空白样品基质溶液与农药标样溶液混合配成不同浓度的基质混合标准工作溶液 A、B、C、D、E、F 和 G,用于作标准工作曲线,应现用现配。

2. 试样的制备和保存

按 GB/T 8855 抽取的水果和蔬菜样品取可食部分切碎、混匀、密封后作为试样,标明标记。将试样置于 0～4℃冷藏保存。

3. 提取

称取 20 g 水果蔬菜试样(精确至 0.01 g)于 80 mL 离心管中,加入 40 mL 乙腈,用高速组织捣碎机在 15 000 r/min 匀浆提取 1 min,加入 5 g 氯化钠,再匀浆提取 1 min,在 3 800 r/min 离心 5 min,取上清液 20 mL(相当于 10 g 试样量),在 40℃水浴中旋转浓缩至约 1 mL,待净化。

4. 净化

在 Sep-PacVac 氨基固相萃取柱中加入 2 cm 高无水硫酸钠,并放入下接鸡心瓶的固定架上。加样前先用 4 mL 乙腈-甲苯(3∶1)预洗柱,当液面到达硫酸钠的顶部时,迅速将样品浓缩液转移至净化柱上,并更换新鸡心瓶接收,再每次用 2 mL

乙腈：甲苯(3∶1)洗涤样液瓶3次,并将洗液移入柱中。在柱上加上50 mL贮液器,用25 mL乙腈：甲苯(3∶1)洗脱农药及相关化学品,收集所有流出物于鸡心瓶中,并在40℃水浴中旋转浓缩至约0.5 mL。将浓缩液置于氮气吹干仪吹干,迅速加入1 mL乙腈：水(3∶2),混匀,经0.2 μm微孔滤膜过滤后,进行液相色谱—串联质谱测定。

5.配有电喷雾离子源的液相色谱—串联质谱法测定

(1)A、B、C、D、E、F组液相色谱—串联质谱法测定条件。

①色谱柱Atlantis T3,3 μm,150 mm×2.1 mm或相当者;流动相及梯度洗脱条件见表4-5-1。

表 4-5-1　流动相及梯度洗脱条件

步骤	总时间/min	流速/(μL/min)	0.05%甲酸溶液/%	乙腈/%
0	0.00	200	90.0	10.0
1	4.00	200	50.0	50.0
2	15.00	200	40.0	60.0
3	23.00	200	20.0	80.0
4	30.00	200	5.0	95.0
5	35.00	200	5.0	95.0
6	35.01	200	90.0	10.0
7	50.00	200	90.0	10.0

②柱温40℃,进样量20 μL,电喷雾离子源(ESI),正离子扫描,多反应监测,电喷雾电压5 000 V,雾化气压力0.483 MPa,气帘气压力0.138 MPa,辅助加热气压力0.379 MPa,离子源温度725℃。

③监测离子对,碰撞气能量和去簇电压参见《水果和蔬菜中450种农药及相关化学品残留量的测定 液相色谱-串联质谱法》(GB/T 20769—2008)附录B。

(2)G组液相色谱—串联质谱法测定条件。

①色谱柱Inertsil C8(5 μm,150 mm×2.1 mm)或相当者;流动相及梯度洗脱条件见表4-5-2。

②柱温40℃,进样量20 μL,电喷雾离子源(ESI),负离子扫描,多反应监测,电喷雾电压-4 200 V,雾化气压力0.42 MPa,气帘气压力0.32 MPa,辅助加热气压力0.35 MPa,离子源温度700℃。

③监测离子对,碰撞气能量和去簇电压参见《水果和蔬菜中450种农药及相关化学品残留量的测定 液相色谱-串联质谱法》(GB/T 20769—2008)附录B。

表 4-5-2　流动相及梯度洗脱条件

步骤	总时间/min	流速/(μL/min)	0.05%甲酸溶液/%	乙腈/%
0	0.00	200	90.0	10.0
1	4.00	200	50.0	50.0
2	15.00	200	40.0	60.0
3	20.00	200	20.0	80.0
4	25.00	200	5.0	95.0
5	32.00	200	5.0	95.0
6	32.01	200	90.0	10.0
7	40.00	200	90.0	10.0

（3）定性测定。在相同实验室条件下进行样品测定时,如果检出的色谱峰的保留时间与标准样品一致,并且在扣除背景后的样品质谱图中,所选择的离子都出现,而且所选择的离子丰度比与标准品的离子丰度相一致,则可判断样品中存在这种农药或相关化学品。

（4）定量测定。采用外标-校准曲线法定量测定。为减少基质对定量测定的影响,定量用标准溶液应采用基质混合标准工作溶液绘制标准曲线。并且保证所测样品中农药及相关化学品的响应值均在仪器的线性范围内,450 种农药及相关化学品多反应监测（MRM）色谱图参见《水果和蔬菜中 450 种农药及相关化学品残留量的测定　液相色谱-串联质谱法》(GB/T 20769—2008)附录 C。

六、实验数据处理与统计分析

液相色谱—串联质谱法采用标准曲线法定量,定量结果的计算如下。

$$X_i = c_i \times V/m \times 1\,000/1\,000$$

式中:X_i 为试样中被测组分的残留量,mg/kg;c_i 为从标准曲线上得到的试样溶液中被测组分溶液浓度,μg/mL;V 为样品溶液定容体积,mL;m 为样品溶液所代表试样的质量,g。

计算结果应扣除空白值。

七、问题讨论或作业

液相色谱—串联质谱法的原理是什么?

第五单元
实习与实训

实验一　参观农药厂

一、实验目的

通过参观农药生产企业,增强对农药的感性认识,了解农药制剂的加工和包装生产线,三废处理方法及设施等。通过对农药企业的农药研制开发过程的参观,增强对新农药研制开发程序和研究方法的认识。

二、实验内容

(1)可湿性粉剂的加工、质量检测、包装生产线。
(2)水乳剂或微乳剂的加工、质量检测、包装生产线。
(3)农药研发的程序及过程。
(4)农药生测室及相关仪器的使用。
(5)农药分析室及相关仪器的使用。

三、问题讨论或作业

(1)目前我国主要农药剂型有哪些?
(2)农药加工过程中存在的主要问题有哪些?怎么解决?

实验二　参观农药销售环节

一、实验目的

主要通过参观农药市场、农资经营企业、农药个体经销户,调查目前市场上的主要农药类别,了解农药的主要品种的销售和使用情况。

二、实验内容

(1)目前销售的主要杀虫剂品种、剂型及使用情况。
(2)目前销售的主要杀菌剂品种、剂型及使用情况。
(3)目前销售的主要除草剂品种、剂型及使用情况。

三、问题讨论或作业

(1)农药销售环节中存在什么问题?
(2)简述我国农药销售的模式。
(3)农药销售情况调查报告。

实验三 了解农药使用情况

一、实验目的

结合对大田作物、温室大棚蔬菜、果园主要病虫害发生情况的调查，了解主要病虫害化学防治情况。

二、实验内容

(1)大田作物(小麦、玉米、棉花等)主要病虫害发生情况调查及农药使用情况。
(2)温室大棚蔬菜(番茄、黄瓜等)主要病虫害发生情况调查及农药使用情况。
(3)果园(苹果、梨、樱桃等)主要病虫害发生情况调查及农药使用情况。

三、问题讨论或作业

(1)农药使用过程中存在什么问题?
(2)农药实际使用情况调查报告。

参 考 文 献

[1] 慕立义.植物化学保护研究方法.北京:中国农业出版社,1994.

[2] 骆焱平,郑服丛.农药学科群实验指导.海口:海南出版社,2008.

[3] 徐汉虹.植物化学保护学.4版.北京:中国农业出版社,2007.

[4] 黄彰欣.植物化学保护实验指导.北京:中国农业出版社,2001.

[5] 邢岩,耿贺利.除草剂药害图鉴.北京:中国农业科学技术出版社,2003.

[6] 苏少泉.除草剂作用靶标与新品种创新.北京:化学工业出版社,2001.

[7] 中华人民共和国农业行业标准:农药室内生物测定试验准则(除草剂)第 1 部
    分:活性测定试验——平皿法(NY/T 1155.1—2006).

[8] 中华人民共和国农业行业标准:农药室内生物测定试验准则(除草剂)第 4 部
    分:活性测定试验——茎叶喷雾法(NY/T 1155.4—2006).

[9] 中华人民共和国农业行业标准:农药室内生物测定试验准则(除草剂)第 3 部
    分:活性测定试验——土壤喷雾法(NY/T 1155.0—2006).

[10] 中华人民共和国国家标准:田间药效试验准则(一)除草剂防治非耕地杂草
    (GB/T 17980.51—2000).

[11] 蔡道基.农药环境毒理学研究.北京:中国环境科学出版社,1999.

[12] 沈晋良.农药加工与管理.北京:中国农业出版社,2006.

[13] 刘维屏.农药环境化学.北京:化学工业出版社,2005.

附表　试验相关数值

附表一　死亡率换算成概率值表

0	1	2	3	4	5	6	7	8	9	%
—	2.67	2.95	3.12	3.25	3.36	3.45	3.52	3.59	3.66	0
3.72	3.77	3.82	3.87	3.92	3.96	4.01	4.05	4.08	4.12	10
4.16	4.19	4.23	4.26	4.29	4.33	4.36	4.39	4.42	4.45	20
4.48	4.50	4.53	4.56	4.59	4.61	4.64	4.67	4.69	4.72	30
4.75	4.47	4.80	4.82	4.85	4.87	4.90	4.92	4.95	4.97	40
5.00	5.03	5.05	5.08	5.10	5.13	5.15	5.18	5.20	5.23	50
5.25	5.28	5.31	5.33	5.36	5.39	5.41	5.44	5.47	5.50	60
5.52	5.55	5.58	5.61	5.64	5.67	5.71	5.74	5.77	5.81	70
5.84	5.88	5.92	5.95	5.99	6.04	6.08	6.13	6.18	6.23	80
6.28	6.34	6.41	6.48	6.55	6.64	6.75	6.88	7.05	7.33	90
0.0	0.1	0.2	0.3	0.4	0.5	0.6	0.7	0.8	0.9	
7.33	7.37	7.41	7.46	7.51	7.58	7.65	7.75	7.88	8.09	99

附表二　比重波美度折合表

比重	波美度	比重	波美度
1.000	0	1.600	54.1
1.050	6.7	1.650	56.9
1.100	13	1.700	59.5
1.150	18.8	1.750	61.8
1.200	24	1.800	64.2
1.250	28.8	1.810	64.6
1.300	33.3	1.820	65.0
1.350	37.4	1.825	65.2
1.400	41.2	1.830	65.4
1.450	44.8	1.835	65.7
1.500	48.1	1.838	65.8
1.550	51.2	1.840	65.9

附表三　石硫合剂重量倍数稀释表

原液浓度/波美度	需要浓度/波美度								
	0.1	0.2	0.3	0.4	0.5	1	3	4	5
	重量稀释倍数								
15.0	149.0	74.0	49.0	36.5	29.0	14.0	4.00	2.75	2.00
16.0	159.0	79.0	52.3	39.0	31.0	15.0	4.33	3.00	2.20
17.0	169.0	84.0	55.6	41.5	33.0	16.0	4.66	3.25	2.40
18.0	179.0	89.0	59.0	44.0	35.0	17.0	5.00	3.50	2.60
19.0	189.0	94.0	62.3	46.5	37.0	18.0	5.33	3.75	2.80
20.0	199.0	99.0	65.6	49.0	39.0	19.0	5.66	4.00	3.00
21.0	209.0	104.0	69.0	51.0	41.0	20.0	6.00	4.25	3.20
22.0	219.0	109.0	72.3	54.0	43.0	21.0	6.33	4.50	3.40
23.0	229.0	114.0	75.6	56.5	45.0	22.0	6.66	4.75	3.60
24.0	239.0	119.0	79.0	59.0	47.0	23.0	7.00	5.00	3.80
25.0	249.0	124.0	82.3	61.5	49.0	24.0	7.33	5.25	4.00
26.0	259.0	129.0	85.6	64.0	51.0	25.0	7.66	5.50	4.20
27.0	269.0	134.0	89.0	65.5	53.0	26.0	8.00	5.75	4.40
28.0	279.0	139.0	92.3	69.0	55.0	27.0	8.33	6.00	4.60
29.0	289.0	144.0	95.6	71.5	57.0	28.0	8.66	6.25	4.80
30.0	299.0	149.0	99.0	74.0	59.0	29.0	9.00	6.50	5.00

附表四 石硫合剂容量倍数稀释表

原液浓度/波美度	需要浓度/波美度								
	0.1	0.2	0.3	0.4	0.5	1	3	4	5
	容量稀释倍数								
15.0	166.2	82.5	54.7	40.7	32.4	15.6	4.46	3.07	2.23
16.0	178.7	88.8	58.8	43.8	34.8	16.9	4.87	3.37	2.47
17.0	191.4	95.2	63.1	47.0	37.4	18.1	5.29	3.68	2.72
18.0	204.4	101.6	67.4	50.2	40.0	19.1	5.71	4.00	2.97
19.0	217.5	108.2	71.7	53.5	42.6	20.7	6.14	4.32	3.22
20.0	230.8	114.8	76.2	56.8	45.2	22.0	6.57	4.64	3.48
21.0	244.4	121.6	80.7	60.2	47.9	23.4	7.02	4.97	3.74
22.0	258.2	128.5	85.3	63.7	50.7	24.8	7.47	5.30	4.01
23.0	272.2	135.5	89.9	67.2	53.5	26.2	7.92	5.65	4.28
24.0	286.4	142.6	96.8	70.7	56.3	27.6	8.39	5.99	4.55
25.0	300.9	149.8	99.5	74.3	59.2	29.0	8.86	6.34	4.83
26.0	315.6	157.2	104.4	78.0	62.1	30.5	9.34	6.70	5.12
27.0	330.6	164.7	109.4	81.7	65.1	32.0	9.83	7.07	5.41
28.0	345.8	172.3	114.4	85.5	68.2	33.5	10.33	7.44	5.70
29.0	361.3	180.0	119.6	89.4	71.3	35.0	10.86	7.81	6.00
30.0	377.0	187.9	124.8	93.3	74.4	36.6	11.35	8.20	6.30